AI绘画大师丛书

AI绘画大师之道

轻松入门

王双　佘峰　彭帅◎编著

北京理工大学出版社
BEIJING INSTITUTE OF TECHNOLOGY PRESS

图书在版编目 (C I P) 数据

AI 绘画大师之道 : 轻松入门 / 王双 , 佘锋 , 彭帅编著 . -- 北京 : 北京理工大学出版社 , 2024.1
（AI 绘画大师丛书）
ISBN 978-7-5763-3479-1

Ⅰ . ① A… Ⅱ . ①王… ②佘… ③彭… Ⅲ . ①图像处理软件 Ⅳ . ① TP391.413

中国国家版本馆 CIP 数据核字 (2024) 第 022480 号

责任编辑： 江　立　　**文案编辑：** 江　立
责任校对： 周瑞红　　**责任印制：** 施胜娟

出版发行 / 北京理工大学出版社有限责任公司
社　　址 / 北京市丰台区四合庄路 6 号
邮　　编 / 100070
电　　话 /（010）68944451（大众售后服务热线）
（010）68912824（大众售后服务热线）
网　　址 / http：//www. bitpress. com. cn

版 印 次 / 2024 年 1 月第 1 版第 1 次印刷
印　　刷 / 三河市中晟雅豪印务有限公司
开　　本 / 787 mm × 1020 mm　1/16
印　　张 / 15
字　　数 / 336 千字
定　　价 / 99.00 元

图书出现印装质量问题，请拨打售后服务热线，负责调换

前 言

FOREWORD

比尔·盖茨将以ChatGPT为代表的人工智能浪潮称为“第四次工业革命”。对于艺术而言，AI绘画“革命”正在全面而深刻地冲击着我们的灵感源泉、创作方式及职业生涯。很多人将AI绘画称为“iPhone时刻”，这意味着AI将会带来完全不同的视觉呈现方式。在iPhone出现后的3年内，传统按键手机全面被智能手机取代，而拒绝改变的一代巨头诺基亚在一年内溃败。历史总是惊人的相似，面对AI绘画的冲击，我们是否主动拥抱并利用它，这决定了每个人的未来。

然而，当我们尝试做出改变时，面对AI绘画领域快速迭代的模型与平台，以及令人眼花缭乱的信息，却常常感到无从下手。为了帮助广大从事艺术和设计的人全面、深入、透彻地学习AI绘画技术，笔者组织人员编写了3本书，组成“AI绘画大师丛书”，带领读者学习：第一本是《AI绘画大师之道：轻松入门》，带领读者快速入门；第二本是《AI绘画大师之道：进阶提升》，带领读者轻松进入AI绘画的无限应用场景；第三本是《AI绘画大师之道：高级技术》，带领读者深入学习Checkpoint的训练，定制ComfyUI工作流，并掌握SD-webUI插件开发等AI绘画的高级技巧。之所以在书名中用“大师”一词，是希望通过阅读本系列图书，帮助读者彻底掌握AI绘画的相关技术，从而达到“大师”的水平；之所以在书名中用“道”一词，一是暗含本系列图书是通向AI绘画大师要走的路，二是取《道德经》中的“道”，表示学习AI绘画要遵循“道”，也即遵循AI绘画的学习规律，只有这样才能事半功倍。

本书为“AI绘画大师丛书”的第一本，全方位、多角度介绍AI绘画的基础知识与技巧，帮助读者快速概览AI绘画的全貌，并且系统掌握AI绘画的基础知识，从而让读者在较短的时间内快速上手AI绘画并掌握相关的技巧。本书采用全彩印刷，效果非常精美。书中对中英文提示词用蓝色突出显示，对一些参数、选项、菜单和Midjourney命令用紫色突出显示，这样可以让阅读体验感更佳。

本书特色

1. 内容全面、系统

本书从 AI 绘画的历史、行业现状、原理、工具、基础功能、高级技巧、参数细节和实用插件等不同角度，全方位介绍 AI 绘画的基础知识和实用操作技巧。

2. 案例丰富，实用性强

本书结合大量案例介绍 AI 绘画工具和插件的用法，读者只要按照书中给出的操作步骤进行实践，即可轻松掌握这门技术。本书在讲解的过程中使用对比图、案例图、参数图等展示不同参数、插件和方法的效果，读者只要看图即可知道不同处理技巧的差别，从而选择合适的方法。

3. 精选插件，高效控制

本书针对人物和图像控制介绍近 10 个扩展插件。这些插件在国内外广受好评，实际使用效果较好，能帮助用户实现面部、手和姿势的控制，甚至实现分区、分割、抠图、删除与填充的创意生成及自动编辑，基于这些插件可以解决 90% 的 AI 绘画常见问题。

4. 赠送超值配套资料

本书赠送配套教学视频，读者可在 B 站上查找 UP 主“可学 AI”，在线观看进行学习，也可下载到本地计算机上学习。另外，本书还提供提示词文件、底图照片、软件安装文件、插件和相关模型等资料，总计近 20GB，非常超值，读者可关注微信公众号“方大卓越”，回复数字“22”获取下载链接，也可加入本书 QQ 书友群（群号：826753316）获取下载链接。

5. 提供完善的售后服务渠道

本书提供 QQ 群、电子邮箱和微信公众号等多种售后服务渠道。作者会在 QQ 群中定期解答读者在阅读本书时碰到的各种问题，给读者提供完善的学习保障，力争让每位读者都能学会 AI 绘画。另外，作者的微信公众号还会定期向订阅的读者推送最新的模型和技术进展信息，并分享高效、有趣的工具。

本书内容

第 1 篇　AI 绘画概论

本篇涵盖第 1 ～ 3 章，系统地介绍 AI 绘画的现状、原理、模型和工具平台。

第 1 章介绍 AI 绘画的历史、现状、版权争议及其对设计与艺术行业的影响。

第 2 章介绍 AI 绘画的原理，包括扩散模型的相关概念和各种微调模型的实现过程等。

第 3 章介绍 AI 绘画的三大模型、国内外知名的 AI 绘画实现平台与常用的资源网站等。

第 2 篇　AI 绘画基础知识

本篇涵盖第 4 ～ 6 章，详细介绍提示词、Midjourney 与 Stable Diffusion 等 AI 绘画的基础知识。

第 4 章介绍提示词的使用方法及其分类，另外还介绍词库和辅助插件的相关知识。

第 5 章介绍 Midjourney 的注册和使用方法，并对其所有参数进行详细的介绍。

第 6 章介绍 Stable Diffusion webUI 的部署，以及文生图和图生图的方法，并详细介绍相关参数。

第 7 章介绍 Stable Diffusion webUI 图生图的高级技巧，包括放大和重绘。

第 3 篇　AI 绘画高级技术

本篇涵盖第 8 ～ 10 章，基于最新的 SDXL 模型与 webUI 平台，详细介绍 ControlNet 和重要功能插件的用法，以及控图技巧的相关知识。

第 8 章介绍 ControlNet 的核心功能，包括风格与元素控制，以及线条控制和着色等相关知识。

第 9 章介绍多个控制人物面部、手和姿势的插件及其使用技巧。

第 10 章介绍 Latent Couple、Segment Anything、Rembg 和 Inpaint Anything 这 4 个插件的用法，如分区、分割、抠图、删除和填充等，从而实现绘画控制与编辑。

读者对象

AI 绘画让艺术和设计“平民化”，人人皆可创作。阅读本书不需要读者具备编程经验和艺术基础。具体而言，本书的读者对象如下：

- 对 AI 绘画感兴趣的爱好者；
- 希望启发灵感、提升工作效率的设计师与艺术创作者；
- 自媒体内容创作者；
- 向 AIGC 转型的从业者；
- 高校相关专业的学生和教师；
- 相关培训机构的学员。

阅读建议

- 没有人工智能知识背景的读者，可以直接跳过第 2 章 AI 绘画原理进行学习。
- 对 Midjourney 感兴趣的读者，可以忽略第 6 ～ 9 章中 Stable Diffusion 的相关内容。
- 对 Stable Diffusion 感兴趣的读者，可以忽略第 5 章中 Midjourney 的相关内容。

- 用好配书资料中的学习资料（电子版），绝大部分问题都能在这些资料中找到答案。
- AI 绘画是实践性很强的技能，建议读者一边看书一边练习，学习效果更好。

意见反馈

AI 绘画的相关功能一直在高速迭代中，虽然本书直到交稿前一直都在不断地跟进和完善，但因笔者水平所限，书中可能还存在一些疏漏，敬请各位读者批评和指正，我们会及时进行调整和修改。读者可通过本书 QQ 书友群（群号：826753316）或电子邮件（wangsnail@qq.com 或 bookservice2008@163.com）联系我们，也可关注微信公众号“可学 AI”，了解最新的 AIGC 进展与资讯。

致谢

感谢朱美霞、王佑琳和张洋等人在本书写作过程中给予我们的帮助和所提的宝贵意见！

感谢彭帅、汤兆豪、张文杰和雒本丰等人在本书写作过程中给予我们的鼓励与支持！

感谢欧振旭编辑在本书出版过程中给予笔者的大力支持与帮助！

最后感谢我的妻子琼和女儿朵朵的支持，是你们照亮我一路前行！

王双

目　录

CONTENTS

第 1 篇　AI 绘画概论

第 1 篇

AI 绘画概论

第 1 章 AI 绘画概述

2022 年 8 月，在美国科罗拉多州博览会的艺术比赛中，Jason M. Allen 使用 Midjourney 工具绘制的作品《太空歌剧院》获得“数字艺术 / 数字修饰照片”类别一等奖，如图 1-1 所示。

图 1-1 《太空歌剧院》作品展示

《太空歌剧院》的获奖实至名归却又充满争议。这是一幅充满想象力的画作。将古典与科幻融为一体，古老的欧洲歌剧院与神秘而遥远的太空相连，服饰华丽的贵妇们站立于穹顶之中，构图奇特、宏大而魔幻。从艺术角度看，此画作足以获奖。然而，其作者 Allen 只是一位 39 岁的游戏设计师，既非专业画家，也并未使用画笔或数位板进行创作。他只是简单地输入几个提示词，然后由 AI 绘画模型自动生成“太空歌剧院”。

Allen 在网上开心地分享自己以 AI 绘画获得第一名的消息时，艺术界却掀起滔天巨浪，舆论哗然一片。不少艺术家公开质疑评比结果并表达不满。艺术家 Genel Jumalon 在推文中写道:“AI 作品获得艺术比赛第一名，这是个悲剧。”网友评论:“说明至少在画画这个领域，强人工智能出现了!”“现在连人类引以为豪的创意艺术都被 AI 超越，那我们努力的价值何在?”

争议持续了很久，但大家却达成了一个共识：与 ChatGPT 一样,《太空歌剧院》宣告了一个时代的终结，以及一个新时代的开启。正如 Allen 在面对汹涌的质疑时的回应：艺术已死，Al 赢了，人类输了!

1.1 爆发历史与爆火现状

AI 绘画在短短不到一年的时间内，快速进化为与 ChatGPT 一样威胁人类传统职业的现象级内容生成工具，堪称算法的狂飙。

1.1.1 爆发：扩算模型的“狂飙”

1. 1970—2015 年：尝试

在 20 世纪 70 年代，一些艺术家和计算机科学家就开始尝试利用算法控制机械臂进行绘画。虽然创作效果并不好，但是彰显了人类企图实现人工智能绘画的野心。直到 40 年后的 2012 年，多伦多大学教授 Geoffrey Hinton 在谷歌上使用深度神经网络 AlexNet 实现了“猫”的图像识别，获得该年度 ImageNet 竞赛冠军。大规模深度网络因此被重视，Hinton 团队几乎以一己之力开启了 AI 的黄金时代。

2014 年,在蒙特利尔大学读博士的 Goodfellow,在一家名为 Les 3 Brasseurs(三个酿酒师)的酒吧喝得微醉，灵感迸发，构思出了生成对抗网络(Generative Adversarial Networks，GAN)。AI 权威 Yann LeCun 将 GAN 称为“过去 20 年来最酷的深度学习思想”。虽然这是由啤酒引发的灵感，但是非常巧妙又合乎逻辑：第一个 AI(生成网络)努力生成尽可能真实的图像，而第二个 AI(判别网络)判断该图像是否由 AI 生成。

Goodfellow 说:“这一对神经网络相当于一对对立的艺术家与艺术评论家，相当于艺术家的生成网络想要愚弄相当于艺术评论家的判别网络——让艺术评论家认为其生成的图像是真的。”归功于判别网络的严格检查，生成网络得以学会如何生成真实图像。在反复迭代训练下，判别网络和生成网络不停地进化，判别网络鉴定真假的能力越来越强，生成网络骗过判别网络的能力也不断提高。最终，生成网络能生成几乎逼真的图像。

GAN 的成功，表明 AI 可以生成高质量的图像，很多时候甚至超过了艺术家。但 GAN 并不是一个容易普及的绘画技术，其训练有时候不太可控，绘画效果也不稳定，因而一直停留在论文与实验室之中。

从 2012 年到 2015 年，以吴恩达利用谷歌大脑识别猫（著名的 Google Cat）、Goodfellow 的生成对抗网络（GAN）以及神经风格迁移模型等项目为代表，AI 顶尖团队利用深度神经网络进行图像生成、转换与风格迁移。虽然这些尝试性项目为 AI 绘画展示了显著的效果和新方向，但离替代人类艺术家仍然很遥远。

2. 2015—2022 年：奇点

2015 年，扩散模型被提出，并在随后的 6 年中被多个团队快速完善。2019—2021 年 6 月，斯坦福大学的 Yang Song、加州大学伯克利分校的 Jonathan Ho、斯坦福大学的研究人员 Jiaming Song，相继提出生成式建模、DDPM 和 DDIM，在更大的数据集上表现出媲美于 GAN 的性能，让 AI 研究员开始重视扩散模型在内容创作领域的巨大潜力。

扩散模型快速进化，奇点时刻到来。得益于扩散模型令人惊艳的图像生成效果，从 2021 年开始，AI 绘画进入高速发展阶段。2021 年 1 月 5 日，Open AI 发布 DALL-E 模型（DALL-E 是皮克斯动画电影 WALL-E 和西班牙艺术家 Salvador Dalí 名字的组合），区别于 GAN 等模型，它能够使用文本描述生成逼真的图像。文字引导生成图像功能体现在 Open AI 同步发行的 CLIP（Contrastive Language-Image Pre-training，对比图文预训练）模型。

CLIP 模型可以说是一个里程碑式的成果，它通过使用各大网站上的图文来制作巨大规模的数据集，实现了高质量的文本嵌入，进而能够在 AI 绘画时嵌入人类指令，起到引导和控制绘画过程的作用。由于效果很好，Imagen、Midjourney 和 Stable Diffusion 等著名的 AI 绘画模型直接使用 CLIP 来实现文本嵌入。

2022 年 2 月，收费的商业绘画模型 Midjourney 发布 v1 版，同年 8 月，开源的绘画模型 Stable Diffusion 公开发布。完全开源的模型、持续贡献并分享的社区、简单的使用方法与高质量的图像，真正意义上开启了全民 AI 绘画的 AIGC 时代。

3. 2022—2023 年：狂飙[1]

2022 年 4 月，OpenAI 推出了新版绘画模型 DALL-E2，展现出了强大的指令遵循能力和创作能力。DALL-E2 图像分辨率四倍于 DALL-E，包含 35 亿图像生成参数及 15 亿图像增强参数。人们利用 DALL-E2 生成精美、充满想象力的图像并在社区上积极分享，引起了广泛的讨论和 AI 绘画热潮。

2022 年 5 月，谷歌推出 Imagen，迅速超越了 DALL-E2。

由于上述基于扩散理论的绘画模型的表现过于惊艳，展现出了强大的创造力和社会影响力，所以吸引了众多研究者跟进，从而推出了多种优化的模型结构，为优质模型的出现提供了坚定的理论基石。

在 2022 上半年，虽然 AI 绘画研究已经呈现出了令人应接不暇的效果，但是从下半年才真正开始突飞猛进。从 2015 年提出扩散模型，到 2022 年扩算模型理论与结构成熟，历经 7 年，基于扩算模型的 AI 绘画终于开始大规模、快速地走向实际应用。从 2022 年秋季开始，我们开始见证历史，各种令人惊喜的、充满想象力而又非常实用的 AI 绘画功能快速涌现。

研究者们开发出了大量的算法与工具，用于图像修复、图生文、文生图、图像编辑、3D 生成、视频生成等应用场景。

Stable Diffusion 以 LAION-5B 子集（图像与对应描述数据集，约 100TB）为训练集，将人类图像经验浓缩成 4GB 的预训练模型，使用个人计算机即可在本地生成绘图。2022 年 8 月，Stable Diffusion 发布了初始版本 v1.4，并在同年 10、11、12 月迅速发布了 v1.5、v2.0 与 v2.1。Stability AI 公司的更新速度堪称一绝，使用者往往刚装上最新版本没多久就过时了。2023 年 7 月，Stability AI 又发布了号称与 Midjourney 成图质量媲美的 SDXL 1.0。

2023 年 9 月 21 日，OpenAI 宣布推出 DALL-E3。DALL-E3 原生接入 ChatGPT，不仅可以更方便地生成提示词，同时对提示词的理解力更加全面、细致。该模型针对文字和图像中的人物手部进行了优化，可生成更准确的人像并可以自然地将文字嵌入图像。

2023 年年底，Midjourney 推出了 v6 模型，提供 2048 × 2048 高清大图、更强的提示词理解能力、更多的可控性、改善手部生成、3D 模型生成、视频生成等全新特性。

大模型的快速迭代更新及其生产力应用是这一阶段的主旋律。但开源模型及其生态社区是促进 AI 绘画快速渗透的主力。Civitai 中基于 Stable Diffusion 的大量优质微调模型，使得文生图模型再度受到关注，扩散模型逐渐被大众所熟知，而后续一系列基于 Stable Diffusion 的工作也如雨后春笋般到来。这些工作涵盖图像编辑、更为强大的 3D 生成等领域，将图像生成再度推上更高一层，使其更加贴近人类需求。

几乎所有人都对 AI 绘画的创造力印象深刻，但真正提高生产力的实用 AI 绘画应该是可控的。2023 年 2 月，以 ControlNet 为代表的图像生成内容控制模型在一定程度上实现了“可控”。同时期，拖曳式改图模型 DragGAN、号称分割一切的 Segment Anything 等“神器”如百花盛开，新论文及其 Demo 日更不断，新控制和编辑技术出现之快令人疲于学习，AI 绘画的春天到来了。

以上技术实现的功能主要包括：在一张图像中同时生成或插入一个或多个对象；使用提示词将图像中的树换个颜色；让女孩带上帽子；局部重绘与图像扩展；风格转换；拖曳修改。从各种技术对模型网络结构影响的层级来看，上述控制与微调模型的实现可以简单地分为以下 3 种：

- 通过影响提示词嵌入的注意力机制，实现图文对齐等。
- 通过附属网络影响扩算模型编码与解码层，以 ControlNet 为典型代表。
- 通过模型微调加入新对象或新概念，如 DreamBooth、LoRA 和 Text Inversion 等。

1.1.2 爆火：全民 AI 绘画

AI 绘画是 AIGC 工具包的关键工具之一。在理解 AI 绘画的重要意义之前，我们需要先了解最近一年最受资本关注的领域：AIGC。

AIGC（AI-Generated Content）指人工智能生成内容。在以 ChatGPT 为代表的强人工智能出现之前，互联网信息主要来自专业生成内容（PGC）和用户生成内容（UGC），如图

1-2 所示。利用强人工智能组合成的 AICG 工具包，可以辅助或者部分替代人工，能显著降低内容生产的成本。同时，学习了超大规模包含人类经验的样本后，AI 拥有了超越人类想象力和知识水平限制的杰出创造力，从而扩展了内容生产的边界和维度。AIGC 广泛应用于文字、音视频、图像三种模态及混合模态的内容生产，在如今的数字时代，其意义不亚于工业之蒸汽机、农业之犁，更是开启 Web 3.0 与元宇宙新时代之钥。

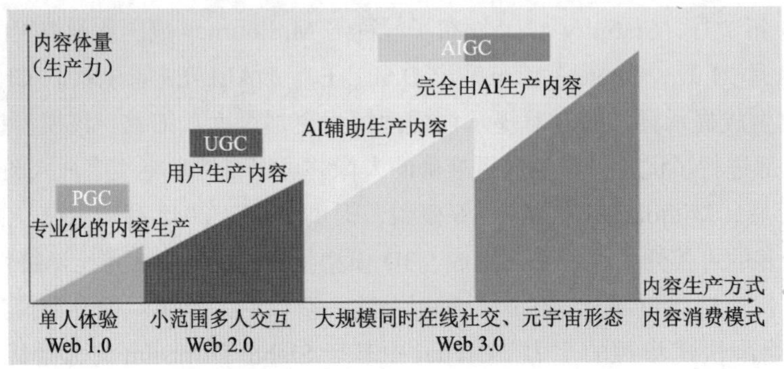

图 1-2　AIGC 进化图 [2]

AI 绘画模型解决了 AIGC“文音图”中的图像生成难题。它向前与文生图、图生文连接，向后与图像生成视频、文字生成视频进化。在满足人类六识之中最表象、最直接的眼睛上，AI 绘画模型取得了巨大成功并表现出了非凡的进化潜力。

通过使用简单的提示词即可生成富有创意的图片，人人都可以成为使用键盘画画的神笔马良，因此 AI 绘画“天生有趣”。Midjourney 为大家体验“天生有趣”提供了稳定的创作平台，初期还提供了免费试用的机会，但很快被尝鲜的用户“挤爆”了服务器。Midjourney 在 Discord 上的服务器在很短的时间内就吸引了千万级的社区成员。同时，Midjourney 也很快仅凭 11 个成员在不到 1 年的时间盈利 1 亿美金，成为绝大多数靠融资和故事存活的 AI 独角兽中的佼佼者。

无须做广告，人们只是因为好奇、感兴趣去注册并试用 Midjourney，然后被超预期的生成效果击败，心甘情愿地付费。这说明 AI 绘画的“爆火”是内生性的，依靠的并不是吹捧、流量或者话题。

开源免费的 Stable Diffusion 不甘其后，凭借其大量的共享微调模型、免费的高质量图片集和无数插件开发者的热情，快速侵占了人们的计算机。每个人都可以成为艺术家，或者说，因为 AI 绘画的出现，艺术家不再跟普通人有所区别，艺术品也可以由普通人生产。

小时候在课本上涂鸦过吗？如果没有，那么试卷或者课桌上呢？当我们可以敲敲键盘就能随心所欲地控制一幅图像的生成内容时，是否找到了儿时涂鸦的乐趣？而且还夹杂着几分掌控的快感。

有人在朋友圈炫耀自己用 AI 绘画所做的魔幻作品，有人在订阅号上分享 AI 绘画的美丽图集，有人在抖音上售卖 AI 绘画的培训教程，有人一个月成为拥有 10 万粉丝的 UP 主。淘宝卖家用 AI 绘画生成不同风格的头像，只要 5 块钱。所有这些现象都说明 AI 绘画极具价值，广受关注。AI 绘画的百度资讯指数也说明了这一点，如图 1-3 所示。

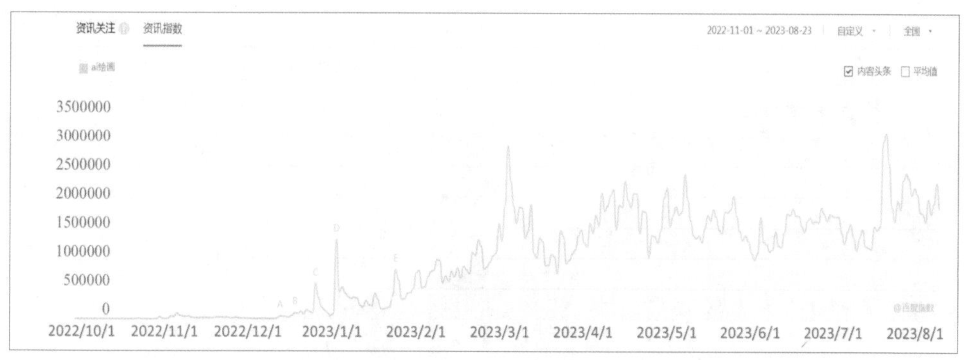

图 1-3 AI 绘画百度资讯指数

从百度资讯指数（以 AI 绘画为关键词）可以看到：在 2023 年 1 月之前，国内对 AI 绘画几乎无人问津；而 2023 年 1 月底，AI 绘画快速攀升到日均百万关注；3 月份关注度超过 250 万，达到顶峰，之后稳定在 200 万左右，在 8 月份再次达到 300 万的顶峰。百度资讯指数仅以百度智能分发和推荐内容数据为基础，如果加入抖音、搜狗和腾讯等平台的关注度，其日均关注度总和应该不低于千万级。

图 1-4 给出了在著名网站 Reddit 中 Midjourney 订阅者的相关数据。从 2022 年 6 月开始，Midjourney 话题订阅用户逐步增长。在 11 个月后的 2023 年 5 月（v5 版本发布），用户快速增长至 30 万人，并在之后的 4 个月高速增长至 90 万人。在这些关注 Midjourney 的用户中，近 64% 为 35 岁以下的年轻人，近 36% 为女性。Midjourney 被更多的“九零后”所接纳，并因其艺术性和易用性对女性较为友好。

同时，根据 Midjourney 官方数据显示，截至 2023 年 10 月，在 Midjourney 在线使用平台 Discord 中，拥有 1568 万注册用户，并且拥有不低于 110 万的活跃用户（在任意时间段）。

截至 2023 年 6 月，与 Midjourney 齐名的开源 AI 绘画模型 StableDiffsuion 在 Reddit 中的订阅者为 12.5 万人 [3]，在 Huggingface 中拥有 400 多个相关模型，自推出以来累计生成 30 亿张图片（未包括在个人计算机中部署生成的图片）。

作为 AIGC 的重要工具，扩散模型提供了简单、易获取、廉价（甚至免费）和高质量的图像内容生成工具，标志着全民 AI 绘画时代已经到来！

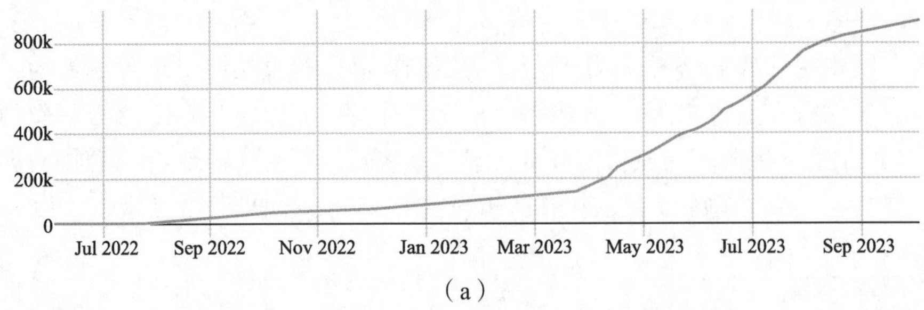

（a）

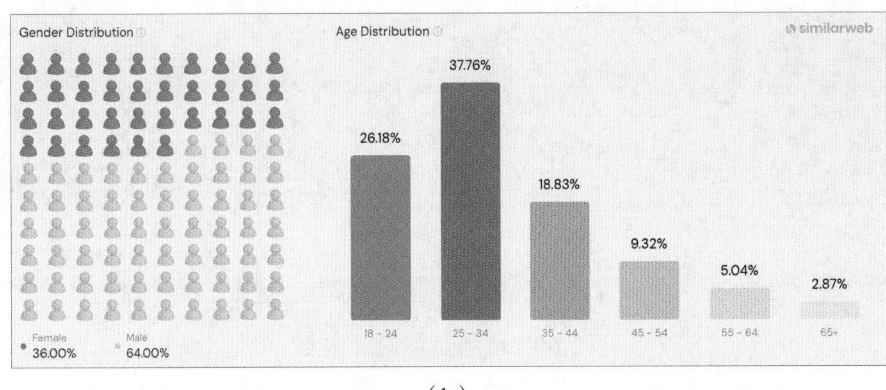

（b）

图 1-4　Midjourney 用户数据（Subreddit Stats）

（a）Midjourney 用户；（b）Midjourney 用户数据分析

1.2 争议：版权、失业与生产力

AI 绘画爆火的同时，其展现出的令人惊叹的创作能力与进化潜力也让人类的焦虑与日俱增。

1.2.1　失业：焦虑的设计师

2017 年，AlphaGo 战胜人类围棋冠军柯洁。次年，李开复在采访中说，人工智能并不擅长创造力、规划能力及“跨领域”思考能力等类型的工作——比如辩护律师。这些能力也是目前很多高端职位所要求的。很多人同李开复持有同样的观点：规则明确、重复度高的职业最容易被 AI 取代，如会计；创意类、深度思考类的工作最不容易被 AI 取代，如艺术家和文字创作者。

具有戏剧性的是，现如今，法律版 ChatGPT 已经可以辅助律师书写文书，会计行业却没有感受到任何影响。以 ChatGPT 为代表的新一代生成式 AI 表现出了强人工智能特征，带来了被周鸿祎认定的“第四次工业革命”。而在 2021 年，前沿专家认为我们见到这一天至少需要等 10 年甚至更长时间。

ChatGPT 的写作和认知水平堪比大学生，足以威胁世界上 90% 的文字写作工作。AI 绘画在创作同等质量的图像时，其艺术创意、高效率与低成本几乎碾压全人类。当前，生成式 AI 需要在人类引导下（提示词工程师）辅助人类工作，并不能完全替代人类。在这一点上，李开复的观点则颇为犀利：一方面我们迎来了仅用少量人力就能创造巨大财富的发展时代；另一方面，大量人员也将因此而下岗和失业。

因为本书为 AI 绘画主题，所以我们将目光聚焦到设计师上。

据报道 [4]，某设计师持续关注 AI 绘画近两年，被 AI 绘画日新月异的快速进步所震惊。她认为，AI 绘画的能力已经很难用“初学者”来形容，在创意和效率上，甚至已经超过美术专业出身、从事设计工作多年的她本人了。

“我们感受到的威胁，不是来自天赋惊人、未来将取代我们的初学者，而是来自横空出世、当下就能全面碾压、潜力无限的高维存在！”她和她的同行们沉浸在不安与紧张之中，她语气低沉，平静地说，“如果我们苦学多年并引以为傲的专业技能，被一个一周学会 AI 绘画的人轻松实现，那么艺术设计从业者存在的意义与价值何在？”

对公司而言，招聘一个会 AI 绘画的设计师，可以替代团队数位成员的工作。例如，原来 10 人的团队，现在 3 个人加上 AI 辅助也能完成，就可以节省约 70% 的人力成本。如果按照这个比例计算，70% 的设计师将失业，然而这个比例并不夸张。

出于职业敏感性，设计师可能是最先体验 AI 绘画的群体。虽然他们内心焦虑而矛盾，但是根据使用效果，不得不承认 AI 绘画又快又好。

AI 绘画出现后，来自各大公司外包的海报业务快速减少，单价也在下跌，更多设计师只能错位竞争，尝试获取高单价、高定制的小众设计业务，而这些恰恰是 AI 绘画的短板。

2023 年 6 月，据美国一家猎头公司的报告数据显示，AI 绘画在 5 月导致美国有 3 900 人失业，约占 5 月被裁员总数的 5%。我国的招聘网站也开始出现 AI 绘画设计师职位，并且平均月薪已经高于普通设计师，这说明很多公司开始尝试使用 AI 绘画优化人员，实现降本增效，如图 1-5 所示。

淘宝网上有大量店铺提供 AI 修复老照片、AI 换脸、AI 写真、AI 证件照、AI 商标设计、AI 二次元图像等所有我们能想到的 AI 设计服务。这些服务原本由设计师完成，现在，商家使用 AI 绘画在数分钟内可生成数十张照片供用户挑选，单价 9.9 元。

我们要承认 AI 绘画会减少设计师岗位这个事实，然后正视其挑战，发挥人类的优势错位竞争。AI 绘画无论多么快速，多么有创意，但评价者只能是人类。设计师“抽卡”时的审美及后续基于 AI 图片的精修，是其区别于普通人的价值所在。

同时，我们也要承认 AI 绘画带来的便利，并善加利用。设计师常常花费大量精力于创意、草图与排版，AI 绘画辅助设计能大幅加快这项工作。另外，AI 绘画能帮助设计师与客户沟通，通过使用客户需求关键词来生成大量样图供客户选择，可以快速确定初始方案。

图 1-5 与 AI 绘画相关的招聘职位

有个网友的观点很有意思：设计师是适合操作 AI 绘画的专业人士之一，而不是被 AI 替代。

1.2.2 版权：抄袭与创新

AI 绘画在社交媒体、交易平台和艺术市场备受瞩目之际，全新的创作方式带来了许多新的争议。

1. AI 绘画作品会侵权吗

AI 绘画模型基于海量图片数据训练而成，训练集虽然主要由免费图集构成，但不可避免地会包含版权图片。很显然，面对数亿幅图像训练集，开发人员很难去鉴定并获取其版权。另外，即使在训练时使用了版权图片，也不可能确定生成的图片包含该版权图片的元素，哪怕它们很相似。

风格相似、构图相似甚至内容相似的图片太多了，如何确定生成的图片参考的不是免费图片而是版权图片？又如何确定这不是 AI 自己的创作，而是参考了版权图片？临摹或者学习版权图片的风格是否构成侵权？或者在多大程度上构成侵权？

假设我们忽略上面的问题，做有罪推定，认为 AI 绘画就是侵犯了某某版权图片，那么我们是否可以从模型中追溯证据？然而，神经网络是个黑匣子，很难清楚它学习了哪个图片或哪一类图片，或者受到某个参数的启发，才基于人类指令生成了特定的图片。

对此，西南交通大学知识产权研究中心主任徐兴祥认为，对于美术作品构成抄袭的认定，采用“独创性、接触及实质性相近”的标准，对作品需要进行综合对比来认定其是否构成抄袭[4]。

认定大模型侵权可能很困难，但认定 Lora 等微调模型侵权则较为简单。例如，在模型分享网站 Civitai 上，有人专门利用名人的生前照片训练明星 Lora，如刚去世的李玟。很多网友使用这个李玟 Lora 生成大量的李玟写真，以此来怀念这位陪伴了几代人的歌后。那么，在未经许可的情况下，用大量受版权保护的创意作品训练 AI 是否违法？

四川明涛律师事务所康鹏程认为：对作品非商业用途的学习是法律允许的，即单纯地将现有图片作品用于学习本身是不违反法律规定的。画家作为著作权人，有权禁止别人使用其作品进行谋利，但不能禁止个人学习、研究或者欣赏等行为，这也是法律对作者权利的限制。如果 AI 画作的呈现结果仅是对作品的简单复制和粘贴，并且利用该画作谋取商业利益，则需要事先获得授权并支付使用费用，否则属于侵权行为[4]。

2. AI 绘画作品受版权保护吗

我们在“抽卡”过程中，有时候会偶然抽到一幅极具创意、个性鲜明而又富有艺术感的图片，堪比价格不菲的大师作品。我们下意识觉得这幅图片具有价值，但 AI 绘画是否构成作品并受到著作权法的保护呢？

徐兴祥[4]接受记者采访时表示：在 AI 绘画软件中，AI 没有独立人格，不具备我国著作权法规范中的“作者”的主体资格，但“机器学习”过程是一种类人化的创作行为，其生成内容具有思想表现形式的作品外观，对于使用 AI 绘画工具将自己的肖像等生成动漫等作品，生成作品的权利归属仍应当属于 AI 技术的设计者、开发者，受著作权法的保护。

3. 潜在的解决途径

AI 绘画让全世界的设计师和艺术家如临大敌。它降低了绘画技艺的门槛，抹去了艺术的神圣性，消解了艺术家的权威。虽然生产力的提升让全人类受益，但是在 AI 绘画全面渗透的过程中，设计从业人员以及靠版权交易维系创作生活的艺术家们，可能会因为被 AI 优化替代且无法维权而面临生存危机。

应该通过保护艺术家的作品版权来保留人类艺术创作的能力。保护作品版权必须明确版权归属，但在 AI 绘画中很难明确版权。首先，绘画大模型使用了数十亿幅图片样本，难以确定哪些图片拥有版权。其次，即使鉴别出了版权图片，大模型在学习时，其权重参数是否使用了版权图片，使用到了什么程度，在生成图片时又贡献了多少，也全部无法明确。最后，AI 绘画是人类引导与模型赋能联合完成的作品，如何确定人类在涉嫌侵犯版权的图片中的贡献及动机呢？

在知识产权法律实践中，判断是否构成侵权，主要适用“实质相同 + 接触”的原则[5]。AI 绘画模型从全人类艺术家作品中学习画法、画风和技巧，然后删除训练集，只留下预训练模型框架与参数。使用预训练模型生成图片时，凝聚了全人类画师的技法与艺术思想，很难认定其接触并抄袭了哪一位画家。现行的《中华人民共和国著作权法》只保护表达不保护思想，表达是思想的载体，思想是表达的内涵，二者也很难分辨清楚。

因而，即使我们觉得某幅 AI 图片与版权图片相似度高达 90%，人类画师也很难向 AI

画师维权。

1.2.3 趋势：显著提高生产力

2023 年 6 月 14 日，国际著名咨询机构麦肯锡发布了关于 AI 的报告《生成式人工智能的经济潜力：下一波生产力浪潮》。为了研究 AI 跳跃式快速发展对全球经济的潜在影响，以 47 个国家及地区的 850 种职业（全球 80% 以上劳动人口）为对象，分析不同职业和人群面临的风险与挑战。

在报告中，分析师预测了生成式 AI 对人类经济和生产力的影响：

（1）未来 30 年，现有工作的 60% ～ 70% 将实现自动化，50% 的职业将逐步被 AI 取代。

（2）AI 带来的价值增长，约 75% 集中在客户运营、营销和销售、软件工程和研发 4 个领域。

（3）AI 的普及应用将使生产力全面提高 0.1% ～ 0.6%，可使全球经济年度增长 3.5 万亿美元左右。

AI 将形成比尔·盖茨所形容的“堪比 PC 问世的最具变革性创新”，通过大幅度的 AI 换人、自动化来显著提高人类的生产率。

著名的国际人才服务公司 Robert Half 为研究员工对生成式人工智能的看法，在美国发起了一项针对 2 500 多名员工的调查。调查数据显示，多达 41% 的员工认为 AI 将促进其职业发展，仅 14% 的员工认为 AI 可能淘汰其职业。另外，约 26% 的员工认为 AI 的影响可以忽略不计。

通过更深入的分析发现，越年轻的员工对 AI 的看法越积极。Z 世代（63%）和千禧一代（57%）比 X 世代（30%）和婴儿潮一代（21%）更看好人工智能的好处。在工作中使用 AI 可将耗时的任务自动化（35%），将显著提高效率和生产力（30%）。

当然，这项调查的样本数并不多，其统计分析结果不一定具有普遍意义。我们在某些方面正在受惠于生成式 AI 带来的利益，如 ChatGPT 自动写作、音 / 视频生成与剪辑等办公辅助，以及婚纱写真拍照的快速降价。如果我们是编辑、新媒体或摄影工作室的员工，很可能已经被 AI 优化了。时代的一粒灰，落在每个人身上就是一座山，人类的悲欢并不能共通。不同职业面临 AI 挑战的暴露度差别巨大。OpenAI 在 2023 年 4 月份发表的研究报告《GPT 是 GPT：大型语言模型对劳动力市场潜在影响的早期观察》中充分阐释了这一点。

我们已经从各个细节享受到了 AI 提高人类生产力带来的“公共福利”，但如何让 AI 绘画利好我们的职业生涯而非伤害，则完全取决于我们的态度与行动。

在新媒体时代，“无图无真相”“一图胜万字”，基于图像的视觉传达极其重要。AI 绘画在个性化定制、插图绘制、游戏制作、动漫创作、文图编创、摄影广告等领域将大放异彩。

对于没有艺术基础的普通人，可以按需定制个性化的证件照、写真、壁纸、贺卡、微信头像或表情包。在 2023 年之前，这些定制项目成本很高。如今，普通人在网络平台或个人计算机上可以根据兴趣几乎零成本地自己“折腾”出来这些艺术品。

对于以艺术设计为生的设计师，AI 绘画可以大幅提高工作效率。设计师可以利用 AI 绘画，采用提示词或底图进行引导，批量生成大量图片，找到灵感与创意，甚至可以在 AI 绘画中构建合理且高效的工作流，直接完成所有设计。

对于特别关注版权的设计行业，AI 绘画可以帮助编辑打破版权枷锁。热点、经典、优质的图片素材基本被相关的版权运营公司垄断。大型自媒体、新闻资讯、纸媒等媒体运营公司一般通过原创摄影或购买正版两个渠道来获得图片。正版素材库价格偏高（知名图片库“视觉中国”2023 年的半年版权收入达 3.7 亿元），虽然素材库一般很大且包罗万象，但是编辑也很难及时找到高质量的符合主题的图片。然而，AI 绘画从底层逻辑上就解决了这些问题。使用 AI 绘画，基于对应的模型或自定义模型，根据提示词引导可以快速生成符合主题的原创图片，大幅降低了版权与摄影成本，显著提高了编辑的配图效率。

AI 绘画让编辑自己就能成为创作者，通过使用提示词生成概念草图的方式，让设计师快速理解其意图然后进行二次创作，从而提高沟通效率，让追求话题时效性的新媒体能更快地跟随网络流量。当然，AI 绘画在企业内提高工作效率的场景不只是有新媒体编辑和设计师，每个企业都能找到使用 AI 绘画“降本增效”的用武之地。

AI 绘画虽然能够遵循指令生成图像，但是使用同样的提示词多次生成的图像却不一样，缺乏一致性与稳定性，这一点饱受诟病。然而，AI 绘画能够在指令引导下快速地随机生成大量图片，恰恰是其创造性的来源。转换思维，充分发挥 AI 绘画的“抽卡”优势来制定适合某个场景的工作流反而是设计师使用 AI 绘画辅助设计的必然之路。

接受并正视 AI 绘画提高生产力的事实，转换工作思维与传统的工作流程，充分利用 AI 绘画的优势，实现公司或个人的效率提升和成本降低，是面对 AI 绘画冲击的唯一途径。

1.3 未来展望

AI 绘画对人类的艺术创作力的“摧毁”体现在两个方面：一方面，让艺术从业者无法靠艺术谋生并从心理上“摧毁”了他们对艺术追求的价值认同；另一方面，当人类习惯快捷、易得的艺术创作方式时，就是在放弃艺术思考与灵性。正如人类习惯了键盘与触屏，逐步弱化了书写能力一样。

广东美术馆研究员王嘉[6]认为，人类大可不必担心人工智能挑战人类，反而要正视其存在。AI 绘画为人类观众提供服务，人类享有最终的裁判权，我们还担心什么呢？应该不断提升 AI 绘画的能力，利用它生成更多的作品，满足人类享用廉价而高质量艺术盛宴的美好愿望，而非担心它超越人类，这才是“积极的工具论”。人类应有“善假于物也”的万物灵长的自信。

王嘉的另一个观点更加宏大。他认为，人类追求科技进步，却没有同步追求观念进步。我们应该改变观念，不应将 AI 绘画视为“机器美学”，而应该归为“算法美学”。AI 绘画应该精进算法，通过硅基载体和二进制逻辑，在生成图片的视觉效果上呈现人性和温情，这才是最有价值的事情。坚守科技进步最终都要以人文关怀和人文精神为归宿，“算法美学”才是“真善美”。

AI 绘画提高了设计艺术的生产力，在福泽全人类的同时威胁着设计师，这个争议不可避免。以如今扩算模型及相关生态的进化速度推算，一键按需生成、强力控制、不需要修改的设计方式在 5 年内即可实现，从而实现人类的绘画自由与艺术自由。当然，这个预测的反面有可能是 80% 的艺术从业者失业。

有人甚至已经迫不及待地为未来与 AI 绘画共生的设计师们创造了新词汇。秘鲁摄影师 Christian Vinces 在 Facebook 上推荐了一个术语：Promptography。Photography 使用光线（Photo）创作，而 Promptography 使用提示词（Prompt）创作。

第 2 章 AI 绘画原理

在 2022 年之前，艺术家们使用画笔进行绘画创作，摄影师使用相机拍摄照片，设计师使用编辑工具处理图像。2022 年之后，AI 绘画完全颠覆了艺术家、摄影师和设计师的工作方式，人们开始使用语言指示 AI 去生成图像、照片并进行修改和编辑。

在 2022 年 AI 绘画大模型出现之前，用键盘输入文字就能生成媲美艺术家的图像，这对普通人而言简直是天方夜谭。现在，我们正在创造这一奇迹。读者肯定会迫不及待地想知道：AI 到底是怎么做到的？

这个问题需要从两个方面进行回答：解释 AI 如何生成高质量图像；阐明 AI 如何听懂人类指令并遵循指令去完成图像生成任务。从概念上理解这两方面的过程与原理后，我们就掌握了 AI 绘画的基本原理，如图 2-1 所示。

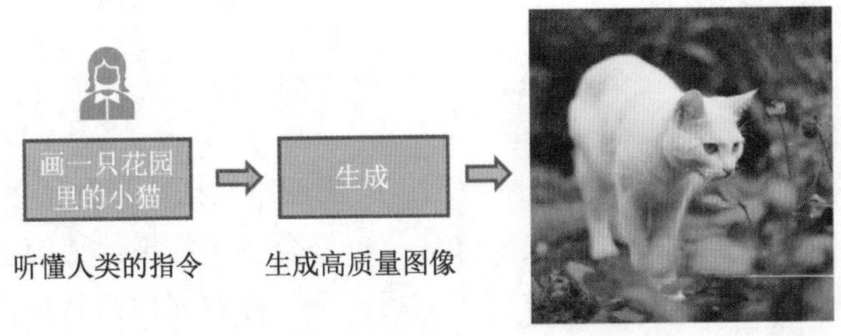

图 2-1　听懂指令并生成图像

2.1 AI 如何生成图像

了解 AI 生成图像的过程需要从生成模型开始[7]，逐步了解 VAE、Auto-Encoder、GAN 和 Diffusion Model 这 4 个经典模型的基本原理。下面用通俗易懂的语言和简洁的概念图深入浅出地介绍这些基础模型，让非专业读者也能有所收获。

1．生成模型

生成图像和其他人工智能任务一样，需要设计一个合理的深度神经网络结构，然后使用大量的样本数据（采用大规模带标签的图片数据集，如 ImageNet 和 LAION）训练该神经网络。在训练的过程中，通过减少误差来强迫该神经网络（大模型）学会图像数据集的数据分布规律。在生成图像时，训练好的神经网络会根据指令模仿已经学到的经验（数据分布信息），尝试生成一样的结果。AI 绘画大模型的成功之处在于设计出了精巧、高效的复杂神经网络结构。

2．VAE

在介绍 VAE（Variational Auto-Encoder，变分自编码器）[8] 模型之前，首先要了解 Auto-Encoder。Auto-Encoder 是一个由编码器（Encoder）和解码器（Decoder）组成的对称的神经网络结构，如图 2-2 所示。

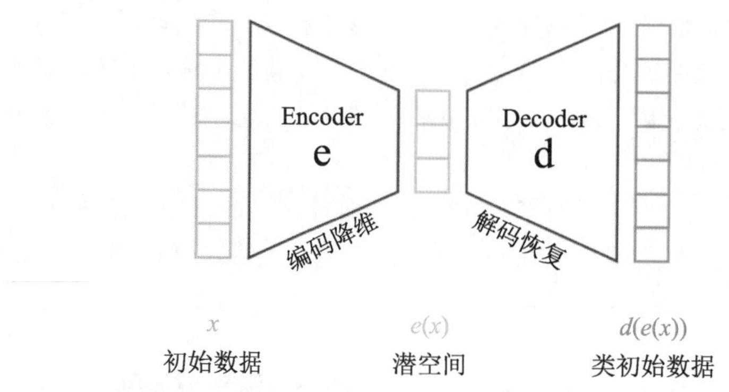

图 2-2　Auto-Encoder 的基本原理

编码器的作用主要是降维，即将高维数据压缩成低维数据（从初始数据映射到潜空间，Latent Space）。图像类数据量一般较大，但其分布符合一定的规律，信息量比数据量要小得多。因此，使用编码器对图像数据进行压缩后，可以提取图像的特征向量，该特征向量能在保持信息量的同时显著降低数据量。解码器是编码器的逆过程，将压缩的数据（图像的特征向量）尽量还原成初始数据。

以一幅猫的照片为例，首先编码压缩，然后解码还原。计算还原后的猫与初始输入的猫之间的差值，通过最小化该差值，可以训练出一个合格的编码器神经网络。训练好的编码器可以用于提取图片特征，如图 2-3 所示。

按照上述过程，在潜空间提取图片特征向量，通过解码器解码，理论上可以恢复曾经输入的某张图片。有读者肯定会问，是否能生成没有训练过的图片呢？给定任意一个特征向量，均能生成图像吗？

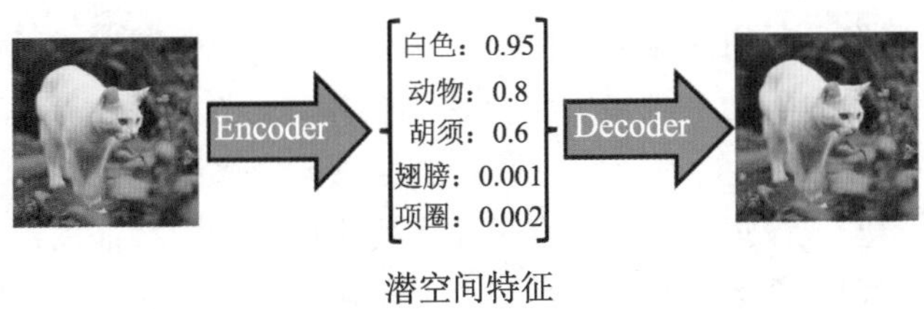

图 2-3　Auto-Encoder 示例：从猫到猫

Auto-Encoder 可以还原训练过的图像，但生成新图像的能力不足。针对该问题，研究者发明了改进版的 Auto-Encoder：变分自编码器 VAE。VAE 使用高斯分布的概率值重新定义特征向量中的每个值，通过改变概率进而平滑地改变图像的信息。例如，在图 2-4 中，将 Smiling、Black hair 等特征的概率取值逐步从 0 调大到 1，首排中的男性表情从严肃逐步变化到微笑，第二排中的女性金色头发逐步加深变黑。

图 2-4 表明，在 VAE 中可以通过控制特征的概率来操控人脸特征。VAE 使用了许多统计假设，也需要评估其生成的图像和原始图像的差距进而判断其生成效果。

是否存在不需要统计假设并且自动评估生成效果的网络结构？ 2014 年，Ian Goodfellow 提出了可以解决上述问题的生成对抗神经网络。

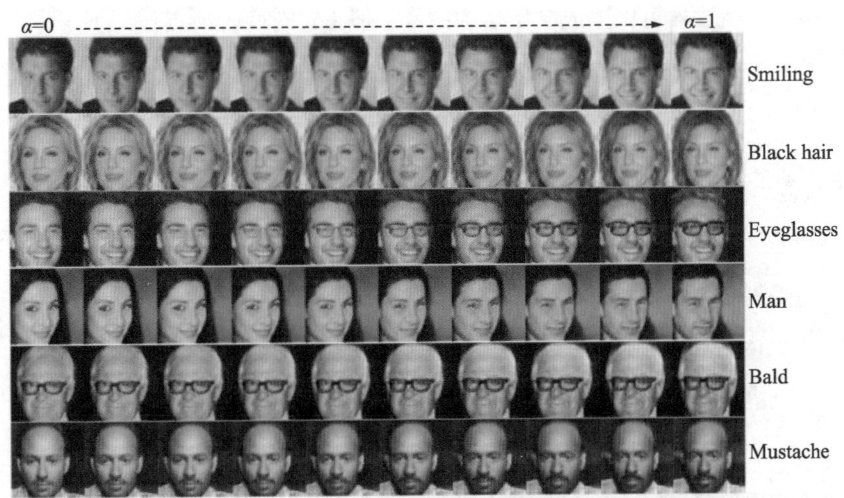

图 2-4　VAE 控制图像的生成 [9]

3．GAN

GAN 的结构和 Auto-Encoder 很像，由对称的生成器（Generator）和判别器（Discriminator）

两部分组成，但基本原理差异较大。生成器使用随机特征向量，通过采样网络生成图像数据，然后由判别器判断该图像是真还是假。

生成器和判别器像一对相互竞争和博弈的对手，生成器企图生成以假乱真的图像骗过判别器，而判别器则致力于把生成器生成的照片 $G(\boldsymbol{Z})$ 与真实照片（X）对比，能判断出生成的照片为假，如图 2-5 所示。在这个过程中，生成器会逐步进化，生成的照片中的特征越来越真实；判别器发现被骗之后，也会进化出使用更复杂的特征来判断真假的能力。如此反复迭代，直到判别器已经无法区分生成器所生成的图像的真假，我们便获得了训练好的生成器。此时，训练好的生成器可以生产出逼真的、肉眼难以判断但现实中却不存在的图像。

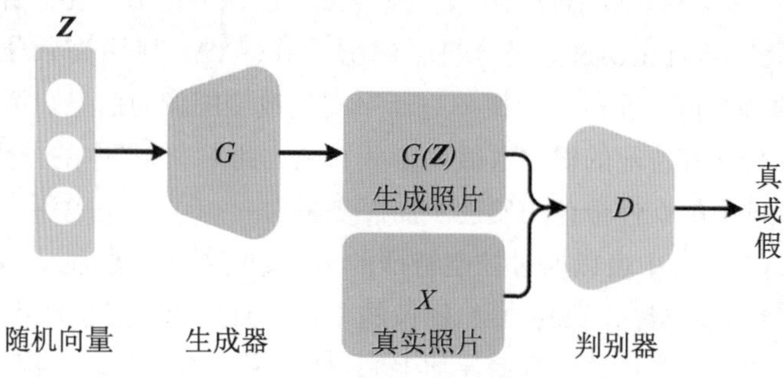

图 2-5　GAN 结构示意

虽然 GAN 的生成器可以生成高质量的图像，但是它有两大缺点：

- 不稳定导致难以训练。在实际训练中，判别器收敛而生成器容易发散，从而出现二者不能协调同步的问题。
- 模式缺失。GAN 在学习过程中容易出现模式缺失、生成器退化，导致生成的样本点重复，无法继续学习。

为了克服以上问题，研究者发明了更好用的 Diffusion Model（扩散模型）。

4. Diffusion Model

虽然 Diffusion Model 背后的数学理论很复杂，但是通过图 2-6 可以很形象地理解其框架和原理。图 2-6 展示了 Diffusion Model 运行的两个过程：前向扩散和反向降噪。

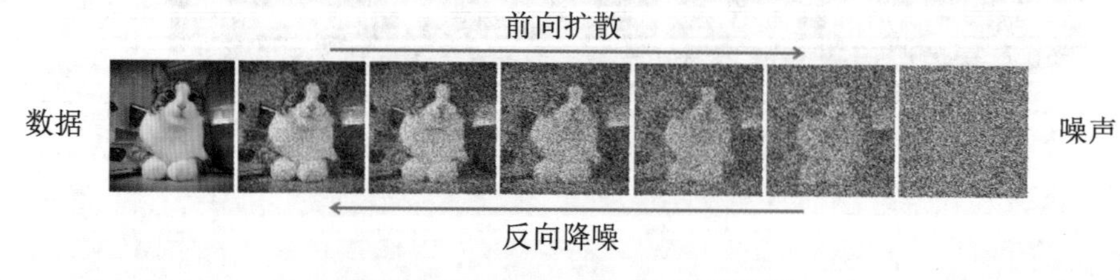

图 2-6　Diffusion Model 示意图 [10]

在前向扩散中，从左至右，小猫图像被逐步加上符合正态分布的噪声，最后得到了一个只能肉眼看到噪声的图像。添加噪声就是扩散过程，可以看成京剧中的化妆。京剧演员为了体现角色的特点，会在脸上涂上各种颜色，从而形成各种脸谱，而观众已经无法辨认出其本来的面目。

在反向降噪的过程中，从右至左，逐步去掉噪声，恢复小猫图像，这也是扩散模型生成图像的过程。此时相当于京剧演员表演完毕后洗脸卸妆，逐渐从脸谱还原成本来的面目。

Diffusion Model 加入的噪声服从高斯分布，训练过程则学习高斯分布特征，学会高斯分布就学会了噪声分布，就能通过降噪生成图像（从高斯噪声中还原图像）。

降噪时则逐步去除。每步的变化只和前一步有关（马尔可夫链）。用高斯分布将马尔可夫链简化，获得第 0 步初始图像与第 N 步加噪声后的图像之间的直接关系。

逆向过程是通过第 N 步噪声状态求第 $N-1$ 步的噪声状态。假设第 0 步为初始图像状态并使用贝叶斯条件概率，已知第 0 步与第 N 步以及第 0 步与第 $N-1$ 步的关系，那么可以表示出第 N 步与第 $N-1$ 步的关系，从而实现预测噪声。

使用神经网络模型学习噪声的规律，输出值作为高斯分布的一部分加入了逆向过程，从而影响每次去除噪声的结果，解决了去掉哪些噪声的问题。

总之，Diffusion Model 就是前向加噪模糊图像、逆向降噪还原图像。那么采用什么样的深度网络结构才能高效地实现这个过程呢?

由于原图和加噪声后的图像大小一致，研究者尝试用一个 U-Net 结构来实现降噪过程。

5. U-Net

顾名思义，U-Net 是一个 U 形结构的神经网络，如图 2-7 所示（参考网址 https://deepsense.ai/），其功能类与 Auto-Encoder 相似，左侧的 Contracting 是一个将高维数据压缩成低维的特征提取网络，相当于 Decoder；右侧的 Expansive 是一个上采样网络，相当于 Encoder。U-Net 在相同尺寸的 Contracting 和 Expansive 层增加了直接连接，通过直连，相同位置的图像信息可以更好地在左右两边通过网络传递。

U-Net 主要用于噪声预测。在 U-Net 的左侧输入一张带噪声的图像，经过 U-Net 处理后输出了预测的噪声。前面展示了小猫图像加噪声的过程，加噪声后的图像 = 噪声 + 原图。使用 U-Net 预测噪声，然后去除噪声就能获得原图。

Diffusion Model 通过迭代逐步去除噪声，而不是直接给出推理生成的结果，因此有时耗时较长。

注意，将文本嵌入作用到 U-Net 上时使用了注意力机制。注意力机制的核心思想是，在处理序列数据时，模型应该关注与当前任务最相关的部分，而不是平等地对待整个序列，从而提高模型的性能。

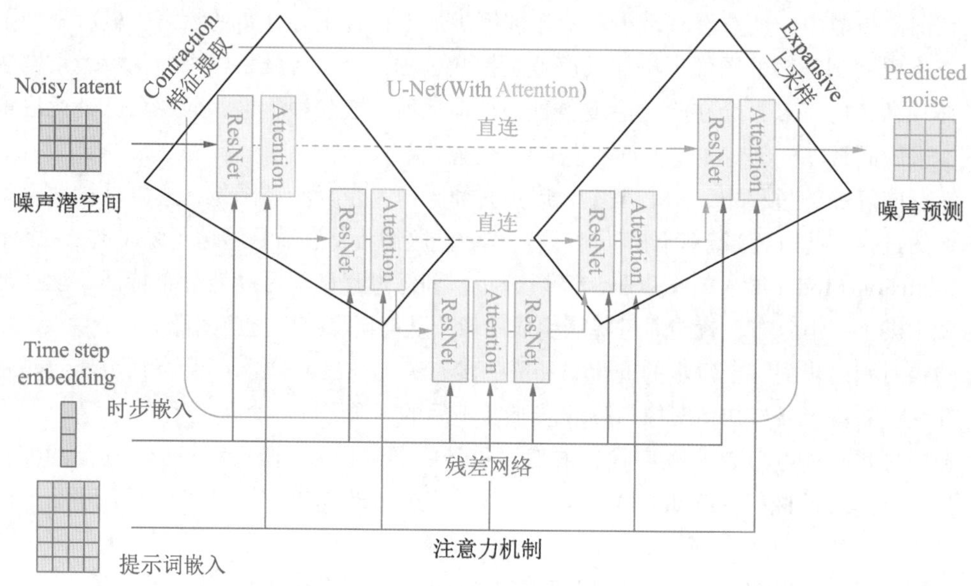

图 2-7　Stable Diffusion 中的 U-Net 结构

2.2　AI 如何“听懂”提示

OpenAI 除了率先推出了人工智能里程碑式的大模型 ChatGPT 外，还在其生成式绘画模型 DALL-E 中引入了 CLIP 来连接文字和图像，如图 2-8 所示。CLIP 最成功的地方在于使用了不需要人工标注的超大规模网络数据，从而搭建了文字和图像之间的桥梁，成为 AI 绘画的基石之一。基于 CLIP 模型，可以计算任意图像和文本之间的关联度（CLIP-Score），指导模型生成图像。

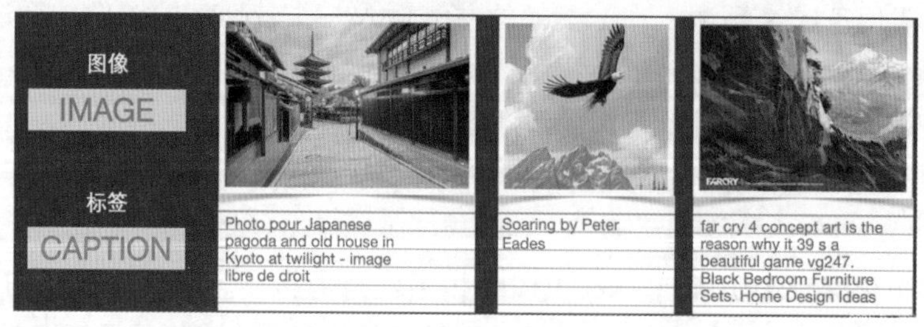

图 2-8　图像及其文本标签 [11]

CLIP 基于图像及其对应标签数据集进行训练，如图 2-9 所示。训练一个优秀的 CLIP 需要近 4 亿张图像 - 标签对。

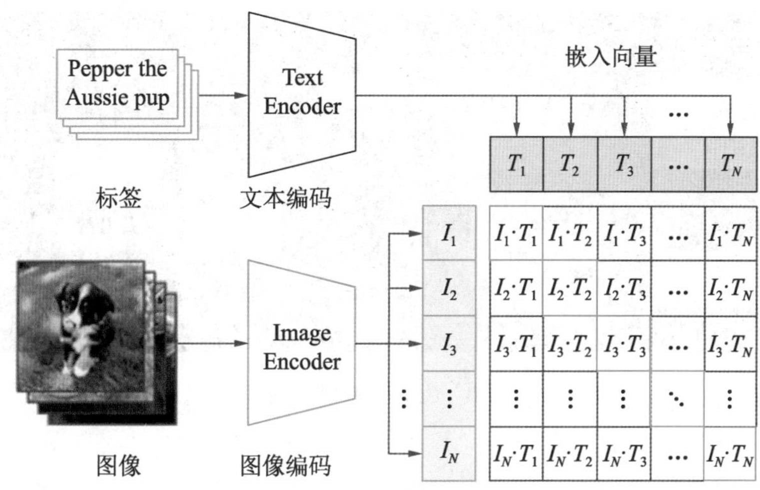

图 2-9　图像与标签构成嵌入向量

人工制作如此大的图像 - 标签数据集难以实现。利用从网络上爬取的图像及其对应的 Alt 标签（网站上图像的文字提示）制作的巨量数据集，CLIP 成功地解决了人工标记数据不足的难题。

CLIP 是图像编码器和文本编码器的组合，其训练过程如图 2-10 所示，具体步骤如下：

（1）嵌入图像与标签。在图像编码器中输入图像生成图像编码，同时在对应的文字编码器中输入标签生成文本编码。

（2）比较嵌入相似度。用余弦相似度来比较图像编码和文本编码的嵌入。开始时，即使文本正确描述了图像，余弦相似度依然很低。

（3）更新编码器。更新图像和文本编码器，使下一次编码的嵌入相似度得到提高。

（4）重复第（1）～（3）步，在整个数据集上使用大批次数量进行训练，直到编码器能生成图像和标签相似的嵌入。训练过程需要包括图像和标签不匹配的负样本，编码器对负样本应给予较低的相似度分值。

相关研究表明，语言模型的选择很重要。虽然，一般情况下图像生成模型的规模越大越好，但是语言模型的规模对生成的图像质量影响更大。

如果上面的解释仍然过于专业，难以理解，我们可以直接忽略 CLIP 的所有细节，只要记住 CLIP 负责把文字和图像一一对应即可。

与 Imagen 一样，Stable Diffusion 直接使用训练好的文本编码器 CLIPTextModel，不再单独训练文本编码器。

文本编码器基于 Transformer 结构，将一系列输入标记映射到一系列潜文本嵌入，负责将输入的提示词转换成可以被 U-Net 理解的嵌入向量，从而让扩散模型能够“听懂”人类的提示并遵循指令生成相应内容。

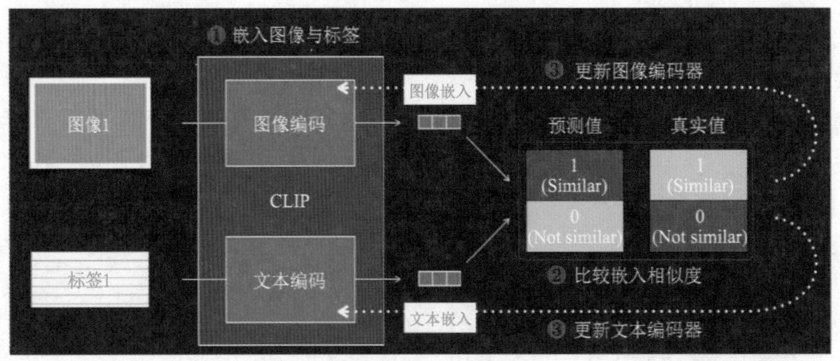

图 2-10　CLIP 的训练过程 [11]

2.3 Stable Diffusion 概念模型

前面分别介绍了图像生成编码器 VAE、进化版的图像生成模型 Diffusion（U-Net）、文本编码器 CLIP 及其他过渡模型。到现在为止，我们已经熟悉了扩散模型中所使用的局部模型。这些局部模型是如何组装成 AI 绘画大模型的呢？

下面以著名的开源模型 Stable Diffusion 为例进行介绍。为了便于理解，我们将 Stable Diffusion 高度概念化，如图 2-11 所示（参考网址 https://learnopencv.com/stable-diffusion-generative-ai），将其简化为以下 3 个功能区：

- 提示词处理区：使用 CLIP 编码器将用户提示词处理成嵌入向量。
- 扩散处理区：使用 U-Net 网络来实施扩散过程。此过程需要使用注意力机制处理传入的嵌入向量，用于引导图像的生成，同时需要通过残差网络添加噪声。
- 生成区：接收 U-Net 输出的压缩图像，通过 VAE 编码器生成高清图像。

Stable Diffusion 之所以快速成长为 AI 绘画领域最大的开源模型，原因之一在于，普通人使用带有消费级显卡的个人计算机即可快速完成图像的生成，这使得 Stable Diffusion 在全球快速流行。

一般来说，使用文本生成高质量图像是高开销的，但 Stable Diffusion 特意将扩散过程设计在低维潜空间上操作，与像素空间相比，大大降低了存储和计算需求。

例如，在 Stable Diffusion 中使用的自动编码器的缩减系数为 8，则形状为（3,512,512）的图像在潜空间中变为（3,64,64），内存需求为原来的 1/64。因此，使用了潜空的 Stable Diffusion 能够在低显存的个人计算机上快速生成 512 × 512 的图像 [12]。

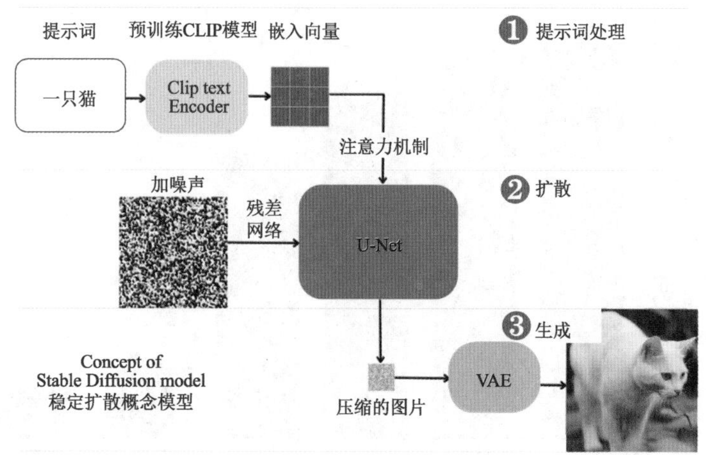

图 2-11　Stable Diffusion 的概念模型示意

一般习惯将 Stable Diffusion 缩写为 SD，为了便于表达，后面将使用 SD 指代 Stable Diffusion。

Stability AI 于 2022 年 8 月发布了 SD 的初始版本 v1.4，并在同年 10、11、12 月迅速发布了 v1.5、v2.0 与 v2.1 版本。SD v1.x 系列的出图质量虽然逐步提升，但与 Midjourney 相比仍然有明显的差距，需要借助微调模型、高清放大等操作实现多样性与高清大图。2023 年 8 月，Stability AI 发布了最新版扩散大模型 SDXL 1.0，默认分辨为 1024 × 1024，无须放大便可直接生成高清图像，能胜任各种风格。与之前的版本相比，该模型在对比度、灯光和阴影等方面表现更佳。SDXL 1.0 帮助 SD 弥补了与 Midjourney 相比在出图质量上的差距，同时，其高度可控性的特性展现出了明显的优势。

SDXL 对提示词的识别与理解效果更好，使用更少的提示词即可生成符合预期的图像。但 SDXL 的参数规模显著增加，如果想在个人计算机上使用，应确认 GPU 最低显存不低于 8GB，且应使用 Comfyui 或最新版的 WebUI 1.6。

另外，SDXL 1.0 暂不支持基于 SD v1.5 开发的 LoRA，但使用更少的训练集即可训练 LoRA 微调模型。SD 的官方已经推出了 ControlNet 等控制功能。与 SD v1.5 等版本一样，SDXL 保持开源、可商用的开放属性。

SDXL 1.0 的优异表现主要得益于其显著提高了模型参数量（基本文生图像模型：35 亿参数）。SDXL 1.0 的 U-Net 网络的参数约为 SD v1.5 的 3 倍，文本嵌入网络参数为 SD v1.5 的 7 倍。同时，SDXL 1.0 在 SD 的基础结构上增加了一个参数量高达 66 亿的 Refiner 图生图精细模型。用户使用 SDXL 1.0 生成图像后，可以使用 Refiner 再生成一次，从而提高图像的质量。

由于模型参数数量大幅提高、Refiner 模型提升图像质量的成图优化效果显著，根据用户调查数据显示，SDXL 1.0 绘画体验要大幅超过 SD v1.5，如图 2-12 所示。

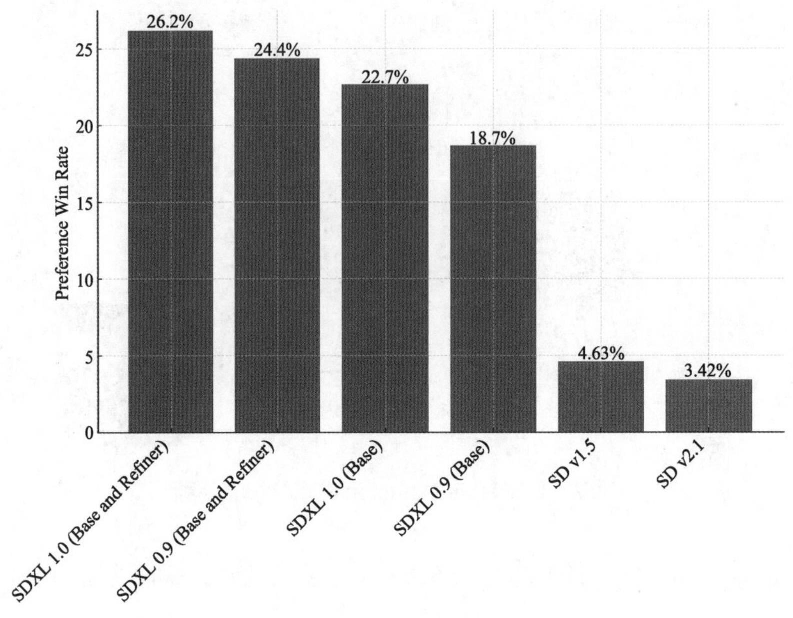

图 2-12　SD 模型不同版本的用户偏好对比 [13]

观察 SDXL 1.0 概念模型图（见图 2-13），与 SD 概念模型图相比，其网络结构基本一致，仍然是由提示词处理（文本编码）、扩散（加噪降噪）、生成（VAE 解码）三部分组成。

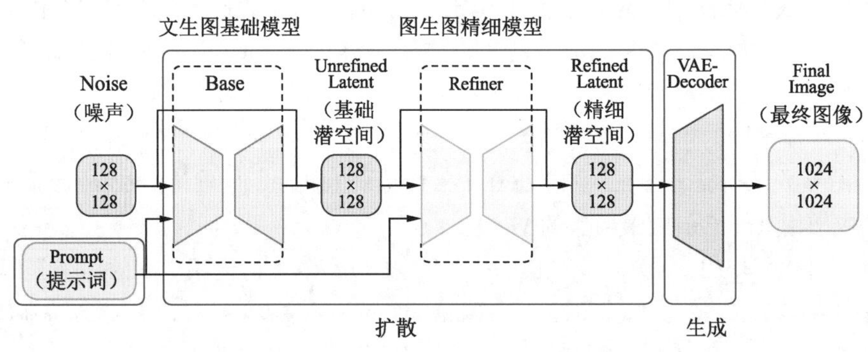

图 2-13　SDXL 1.0 概念模型 [13]

2.4 如何使用 SD 模型绘画

接触过 AI 绘画的读者大概见过文生图、图生图和模型微调 3 个 AI 绘画名词。这 3 个名词恰好是使用 SD 模型绘画的 3 种方式，下面分别进行介绍。

- 文生图：利用文本（提示词）引导模型生成具有指定特征的图像。当 AI 听懂了我们的命令后，会在扩散过程中进行创作，生成命令要求的图像。即使同样的提示词（命令），AI 每次创作的图像都不一样，有时候甚至大相径庭。
- 图生图：提供一幅底图供 AI 参考，然后使用提示词告诉 AI 基于底图进行什么样的创作。AI 会在底图上增加几层噪声，然后再进行常规的降噪，这样就能生成与底图类似，并且符合提示词要求的图像。增加的噪声越多，AI 自由发挥的空间就越大，生成的图像与底图的差别就越大。
- 模型微调：通常是训练一个附属权重网络（LoRA），让 AI 学习新的概念，可以画出 AI 原本不知道的新对象、新风格，如六耳猕猴这一创新物种。

文生图与图生图是使用 SD 绘画的主要方式，在第 6 章中将会详细介绍。

模型微调涉及 SD 深度网络结构，如今已经成为改进 SD 模型的重要组成部分。下面介绍常用的 5 大类型。

2.5 模型微调

顾名思义，模型微调（Finetune）是对大模型的微小调整。预训练（Pre-trained Model）大模型 SD v1.5 已经非常强大并且广受欢迎，然而，由于训练集构成的自然缺陷（不可能包罗万象），它在某些特定领域的表现可能不尽如人意。例如，SD v1.5 无法生成好的中文书法作品。

此时，我们可以搜集历代名家书法作品，构成一个小样本数据集，然后对 SD v1.5 大模型进行重新训练，从而获得一个能生成高质量书法作品的模型，这就是模型微调。

模型微调的样本量和训练成本要远低于大模型。模型微调训练速度一般很快，否则大模型就会学习过多的小样本特征，从而出现过拟合，丧失大模型的泛化性。

在大模型基础上进行微调（Pre-train + Finetune）是一个非常巧妙的应用技巧。然而不幸的是，模型在微调过程中容易出现“灾难性遗忘”（Catastrophic Forgetting），即模型会在微调过程中不断忘记之前已经记住的内容。

灾难性遗忘的解决方案一般有以下 3 种：

- Replay：把原始知识复习一遍。
- 正则化：通过正则项保证新参数与原参数尽量一致，控制变化幅度不要太大。
- Parameter Isolation：参数孤立化，构建附属网络小模型进行训练并更新其权重，原有大模型权重不变。

在基于 SDXL 1.0 或 SD v1.5 的模型微调中，大部分使用的是参数孤立化这个解决方案。

从使用效果来看，大部分微调模型像 SDXL 1.0 或 SD v1.5 基础模型的插件。通过插件，可以在 SD v1.5 基础模型上叠加特定的效果，进而生成基础模型没有的风格或内容，从而实现基础模型能力的扩展。

2.5.1 Textual Inversion 简介

Textual Inversion（也称为嵌入模型，Text Embedding）不改变大模型的参数，是一种从少量示例图像中提取特征的微调方法，如图 2-14 所示。通过控制文本到图像的管道，在文本编码器的嵌入空间中学习新的单词，然后在文本提示中使用这些新单词，以实现对生成图像的细粒度控制。

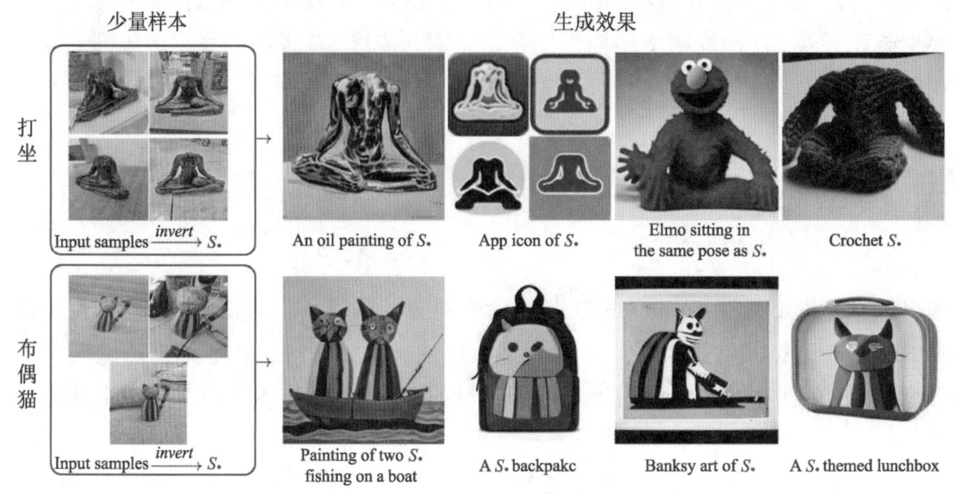

图 2-14　Textual Inversion 学习新概念[14]

图 2-15 展示了 Textual Inversion 学习“闹钟”新概念的过程。含有特殊指令 S_* 的提示词（生成新的 Embedding，嵌入向量 V_*），与添加噪声的训练集（Noised Sample）相结合，输入生成器，生成器试图预测图像的降噪版本。在此过程中，冻结 Generator 网络，冻结 Text Encoder 中的 Transformer 网络，冻结其他词的 Embedding，只有目标词 S_* 的 Embedding V_* 参与到梯度更新中，如图 2-15 红色框中的锁住标志所示。

在强迫生成器降噪还原闹钟特征的过程中，逐步优化 Embedding V_*。优化后的 V_* 能更好地捕捉训练图像所显示的对象或风格，为扩散模型提供更多有用的信息，从而降低降噪损失。使用不同指令、不同图像变体，经过数千步迭代优化后，新嵌入向量 V_* 有望学会新概念的本质。

上述学习过程只影响 CLIP 部分，并在 CLIP 中增加一个新的 Embedding。大模型其他所有可调用参数均被冻结，不改变神经网络结构和任何参数，影响效果有限。

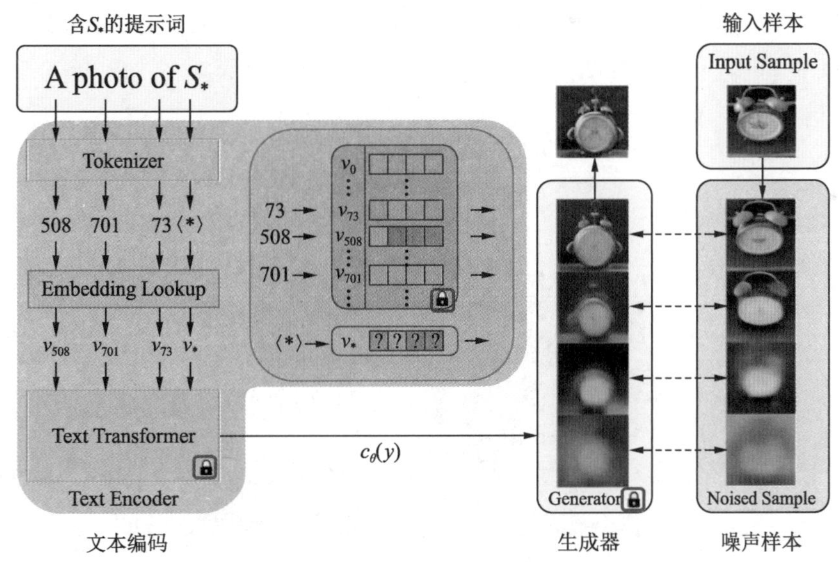

图 2-15　Textual Inversion 的学习过程 [14]

2.5.2　LoRA 简介

2021 年，微软研究人员为解决大语言模型微调的难题，开发出了新的微调技巧 LoRA。LoRA 全称为 Low-Rank Adaptation of Large Language Models，直译为大语言模型的低阶适应，名副其实。由于该微调思路简洁、有效，很快被应用到其他大模型微调中，包括 AI 绘画扩算模型。

如图 2-16 所示，在进行模型微调时，冻结左侧大模型的预训练权重，直接训练右侧的附属网络。在生成图像时，附加网络权重与大模型网络权重融合，从而改变原大模型的生成效果。

LoRA 方法具有以下特点：

- LoRA 不改变大模型的任何参数，只调整附属网络的内部参数。
- 由于 LoRA 是将矩阵压缩到低秩后训练，所以附属网络的参数量很小（可仅为大模型参数的千分之一），训练速度快。
- 低维矩阵对高维矩阵的替代损失不大。因此，即使训练的矩阵小，训练效果也很好。
- 原大模型参数不变，没有灾难性遗忘问题。

使用较少的图像样本（通常是 20 张以内），即可通过 LoRA 提取并学习特征，包括但不限于复刻人物 / 物品的形状特征、提取图像风格、获取动作与姿态等特征等。

LoRA 的微调（Finetune）成本非常低，还能获得和全模型微调类似的效果，受到使用者的普遍欢迎。研究者们在 LORA 结构上改进了不同的版本，如 LoHa、LyCORIS 等。

与 Embedding（通常在 1MB 以内）相比，LoRA 文件相对较大（通常在 200MB 以内），保存的信息量较大，对人物 / 物品（Subject）与风格（Style）的提取效果都更好。当 Embedding 和 LoRA 可以处理同一个任务时，优先选择 LoRA。

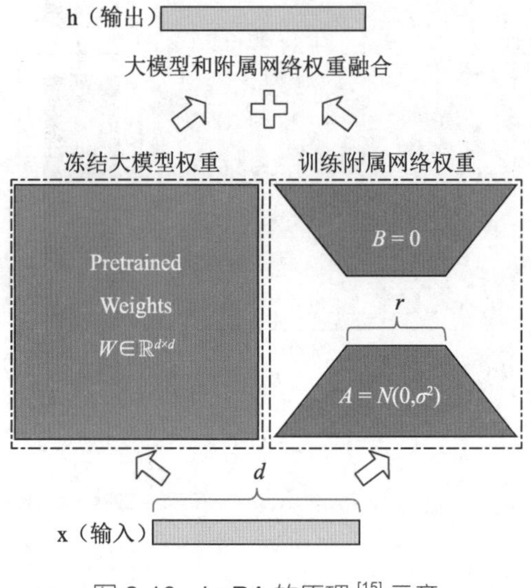

图 2-16　LoRA 的原理 [15] 示意

2.5.3　HyperNetwork 简介

HyperNetwork 是 Novel AI 推出的一种微调方法。它是一个连接到 SD 模型上的小型神经网络，如图 2-17 所示，适用于修改图像风格。

HyperNetwork 通常是一个全连接的线性网络，通过插入两个网络来转换 key 和 value，控制 SD 模型中噪声预测器（Noise Predictor）U-Net 中的 Cross-Attention 模块。

下面是原始模型和被控制的模型对比图。

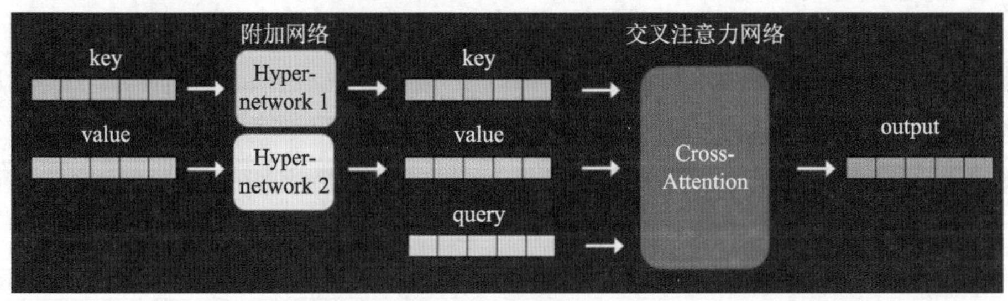

图 2-17　HyperNetwork 的原理示意（https://stable-diffusion-art.com/hypernetwork/）

在微调过程中，Stable Diffusion 模型被锁定，主要通过训练更新附着的 HyperNetwork 网络参数。

因为 HyperNetwork 比较小（通常在 200MB 以下），训练快速且对 GPU 资源要求很低，4GB 显存的普通计算机即可完成训练。使用 HyperNetwork 时，需要先选定一个 Checkpoint 模型，共同作用生成图像。

LoRA 模型和 HyperNetworks 十分相似，均采用附属网络，通过作用于 U-Net 的 Cross-Attention 模块来微调基础大模型。LoRA 通过改变权重来影响 Cross-Attention 模块，而 HyperNetwork 则通过插入附属网络改动 Cross-Attention 模块。另外，LoRA 是一种数据存储的方式，没有定义训练过程，因此可以和 DreamBooth 等其他训练方式结合使用。而 HyperNetwork 定义了训练过程，无法与其他训练方式结合。

LoRA 和 HyperNetworks 模型结构都很小，一般低于 200MB，训练成本都很低。可以将 HyperNetworks 理解为低配版 LoRA，对画面风格转换效果较好。

2.5.4 DreamBooth 简介

在近两年人工智能的快速发展中，大型文生图模型实现了质的飞跃，能够从给定的文本提示中高质量和多样化地合成图像。然而，这些模型缺乏在给定参考集中模仿主题特征的能力，也缺乏在不同语境中的合成能力。

DreamBooth 是谷歌推出的一个主题驱动的 AI 生成模型，可以微调文生图扩散模型，解决了 DALL-E2、Midjourney 及 SD 等模型都对主题缺乏情景化的问题。DreamBooth 通过控制预训练模型的已有知识（Class）与新目标（Special）之间的先验保留损失（Class-Specific Preservation Loss），生成未出现在参考图中的各种场景、姿势、视角、光照下的目标。

在 LoRA 出现前，主流微调方法为 DreamBooth。下面通过 DreamBooth 经典论文 [16] 中的关键配图（见图 2-18）来解释 DreamBooth。

给定 3 ～ 5 幅拟添加的小狗主题图像，使用唯一标识符 [V] 和文本提示主体名称小狗所属的类别 A dog，组成 A [V] dog，将与之匹配的给定小狗图像作为输入，通过训练调整文生图的基础大模型。同时，使用一个关于类别 A dog 的损失函数，强迫模型不要遗忘在类别 A dog 具有的语义先验知识，并鼓励它生成属于主题类（A dog）的不同小狗。

通俗来讲，就是依托基础模型中原有的 A dog 这个主题概念，通过共享权重的方式，在 A dog 中添加一种新的小狗 A [V] dog，形成新的基础模型。同时，为了避免因修改权重添加新小狗 A [V] dog 导致发生灾难性遗忘，使用一个损失函数监督基础模型，强迫它不要忘记原有的认知 A dog。

训练完成后，一旦有图片输入，调整后扩散模型就能找到提示词中唯一的标识符（如 [V]），并将其与主题（A dog）联系起来，通过提示词生成 A [V] dog。

更通俗地讲，图 2-18 中的 DreamBooth 微调过程在做两件事：

- AI 生成的狗要像输入的特色狗 [V]，通过计算生成图片和原始图片集的 Reconstruction Loss 进行控制。

■ 原有基础模型不能因为微调修改参数遭到破坏，忘记原来已经能画的普通狗，即微调后模型不应忘记它原本（先验）的知识和能力。仅用 Reconstruction Loss 去训练，模型很容易就会过拟合到特色狗的特征，无论画什么狗都是特色狗。使用 Prior Preservation Loss 控制遗忘和过拟合后，模型就保留了画普通狗的能力。

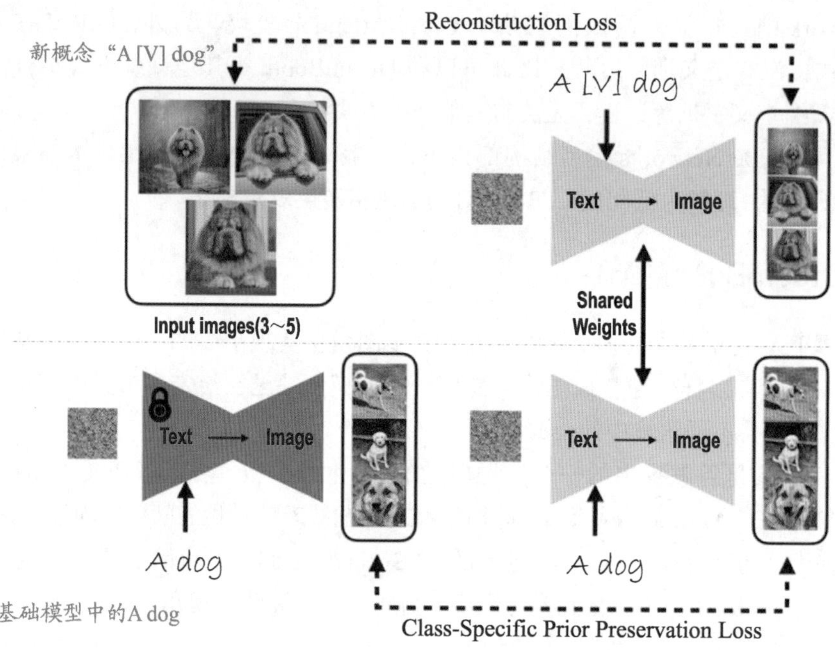

图 2-18　DreamBooth 的原理示意

DreamBooth 具有以下特点：

■ 加入一个新词（[V]）去代表拟生成的对象，嵌入向量初始值继承自原类型（A dog）词。
■ 微调模型中的参数全部可调整，让模型完全学会新对象。
■ 为防止灾难性遗忘“学新忘旧”，使用先验保留损失来监控遗忘程度。
■ 相对于其他微调方法，几乎调整了基础大模型中的所有参数，调整规模很大，因此微调成本特别高。同时，因为全局参数均得到微调，相对于其他方法，效果非常好。

根据 DreamBooth 的经典论文展示，仅需 3 ～ 5 张图像（不需要任何文本描述）即可通过各种提示词引导生成目标变体，让被指定物体“完美”出现在用户想要生成的场景中，如图 2-19 所示。

图 2-19 DreamBooth 的效果

2.5.5 ControlNet 简介

虽然 AI 生成式绘画“自由”且富有“创意”，使用提示词引导可以批量创造图像，但其可控性却饱受诟病。在 SD 出现初期，不少尝鲜者通过更改提示词的方式批量生成大量图片，然后按需挑选合适的图像来辅助设计工作，俗称“抽卡”。2023 年 2 月，ControlNet 模型正式发布，实现了“可控”AI 绘画，革新了 AI 绘画的工作模式。

ControlNet 是一种通过额外条件来控制扩散模型的神经网络结构（见图 2-20），其基本思想如下：

将 SD 深度网络结构中不同模块中的权重参数，分别复制到“锁定”副本（Locked Copy）和“可训练”副本（Trainable Copy）中。Locked Copy 锁住 SD 的参数，Trainable Copy 增加了一个可训练的 Condition 网络。在 Condition 网络开头和结尾添加零卷积（Zero Convolution，初始化参数为 0），保证训练的稳定性。Condition 网络的参数会叠加影响 SD 的 Decoder 模块，从而实现在对原图改图改动较小的情况下增加新的内容，进而达到控制图像生成的目的。

ControlNet 共有 10 多个大类，包括 Canny Edge、Canny Edge（Alter）、Hough Line、HED Boundary、User Sketching、Human Pose（Openpose）、Semantic Segmentation（ADE20K）、Depth（Large-scale）、Depth（Small-scale）、Normal Maps、Normal Maps（Extended）和 Cartoon Line Drawing 等。关于 Condition 的详细介绍，请参考本书第 8 章。

ControlNet 不需要重新训练 SD 模型，与 DreamBooth 相比显著降低了微调成本。

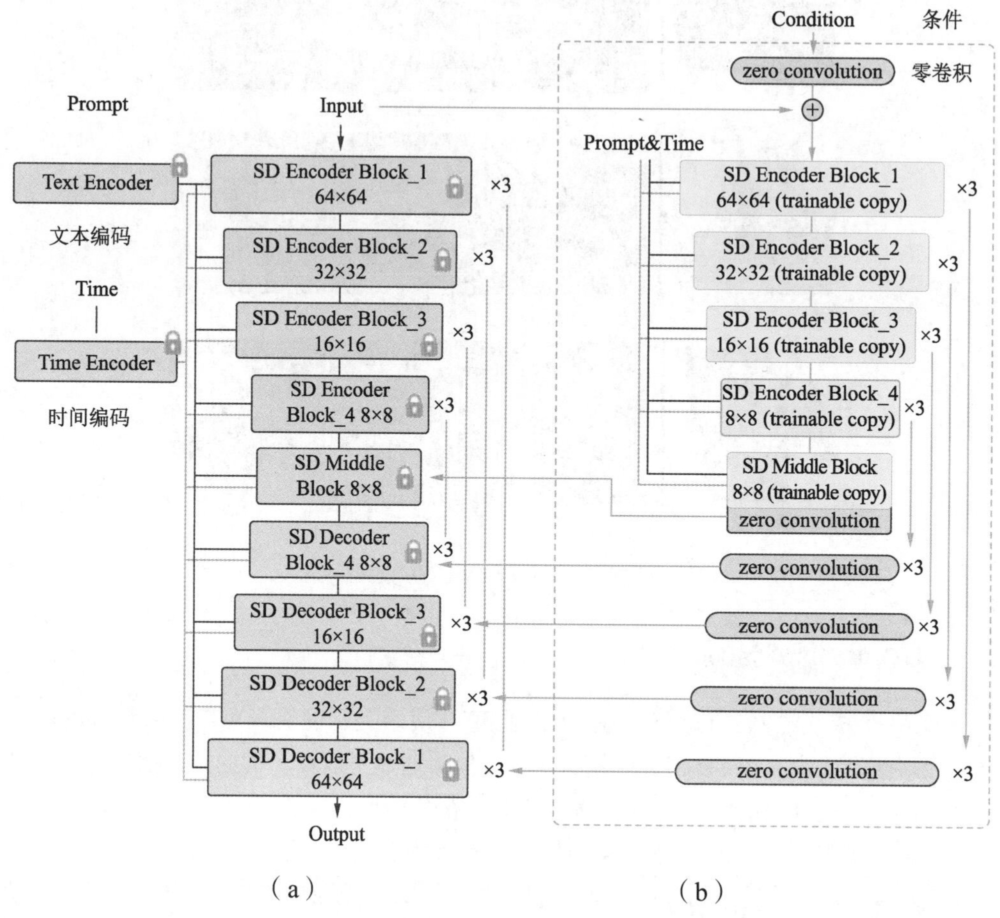

图 2-20　ControlNet 的原理 [17] 示意

（a）Stable Diffusion 锁定副本；（b）ControlNet 条件网络

2.5.6　微调模型比较

不同的微调方法适用于不同的应用场景。微调方法主要分为两大类：

（1）不改变基础大模型参数，使用附属网络来影响生成的图像权重的低成本和快速的微调方法，以 LoRA 为主，包括 ControlNet、Embedding 和 HyperNetwork。

（2）直接改变基础大模型参数，成本较高、效果较好的 DreamBooth。

当然，还有其他微调方法，但基于 SD 模型的微调主要使用表 2-1 中的 5 种。根据性价比、效果和流行程度，推荐优先使用 LoRA。

表 2-1　微调模型比较

微调模型	画风（Style）	物体（Subject）	概念（Concept）	显存（GB）	速度	训练难度	评价
Embedding	√	√	√	6	中	一般	3★
LoRA	√	√	√	8	快	简单	4★
HyperNetwork	√	√		6	中	较难	2★
DreamBooth	√	√	√	12	慢	均可	5★
ControlNet	√	√	√	6	中	一般	5★

注：表 2-1 中的显存以 SD v1.5 模型为底模，使用 SDXL 模型为底模时显存需求偏高。

第 3 章 AI 绘画工具

在短短两年内，生成式 AI 绘画快速成长为可以威胁设计师的颠覆性生产力工具。基于不同 AI 绘画模型开发的绘画平台、在线 AI 绘画网站和 AI 插件等层出不穷，如何选择合适的绘画大模型、在线网站或 AI 插件作为设计工具，是 AI 绘画的首要问题。

本章首先介绍 SD、Midjourney 与 DALL-E2 三大 AI 绘画模型及其使用平台，并比较其绘画效果（需要说明的是，SD-webUI 和 Midjourney 是当前最流行也是最重要的绘画工具，具体将在第 5 章和第 6 章分别介绍，此处仅进行简单介绍）。

其次介绍著名的 Adobe 公司推出的新 AI 生产力工具 Firefly，并介绍 Firefly 与 PS 的集成及其对用户的影响。

然后简单介绍国内各大头部公司的在线 AI 绘画平台，介绍 AI 绘画最重要的两个国外平台：HuggingFace 与 Civitai。同时，介绍国内版 Civitai：Liblib。

最后介绍生成式预训练大模型（GPT）的多模态绘画功能。

3.1 三大模型

ChatGPT 解决了文字生成的自然语言处理难题，极大地解放了人类的文字创作生产力。图片生成领域自 GAN 开始，在 AIGC 大战中从未落后。2023 年，三大模型以高效精美的图像创作能力，快速进入了普通人的生活。

3.1.1 开源：SD-webUI

SD 是初创公司 Stability AI 旗下的产品。SD 相关版本免费、开源，任何人都可以下载并使用（下载网址为 https: //Github.com/AUTOMATIC1111/stable-diffusion-webUI）。

SD webUI 是基于 Gradio 库的 SD 浏览器界面。通过 SD-webUI，用户可以在浏览器中访问基于 SD 大模型的 AI 绘画系统，可通过菜单操作进行模型选择、参数设定、图像编辑和保存。

1. 使用

拥有一定代码基础的读者可基于源码进行安装。但国内有多位开发者提供了不同版本的封装包，不需要代码基础，下载后一键安装。其中，B 站（bilibili.com）UP 主（uploader，上传音 / 视频文件的人）秋叶的封装包使用最广泛，本书也是基于秋叶版的封装包对 SD-webUI 的使用进行讲解。

SD-webUI 有本地安装和云部署两种使用方式。本地安装方式需要将 SD-webUI 的相关代码或集成包下载到个人或企业的计算机上，然后进行安装使用（详见本书第 6 章），要求电脑具有 4GB 以上显存 NIVIDIA GPU（N 卡）。

云部署方式可选择的平台较多。百度 AIstudio 可提供免费的 GPU 算力，并提供已有 AI 项目一键复制功能，可直接运行进行 AI 绘画。其他的如阿里云、AUTODL、Google CoLab 等均可方便部署 SD-webUI，但均需付费使用。

2. 效果

基于功能强大的 AI 绘画开源大模型 Stable Diffusion，SD-webUI 可以根据提示词实现文生图、图生图的常规 AI 绘画功能，如图 3-1 所示。同时，SD-webUI 提供了自由、方便且全面的参数选择功能，用户可以更换模型、调整参数和增加有用的扩展插件，通过内置的 ContorlNet 等插件，可以实现姿势控制、局部重绘等多种图像控制功能，使生成的图像更加精准。

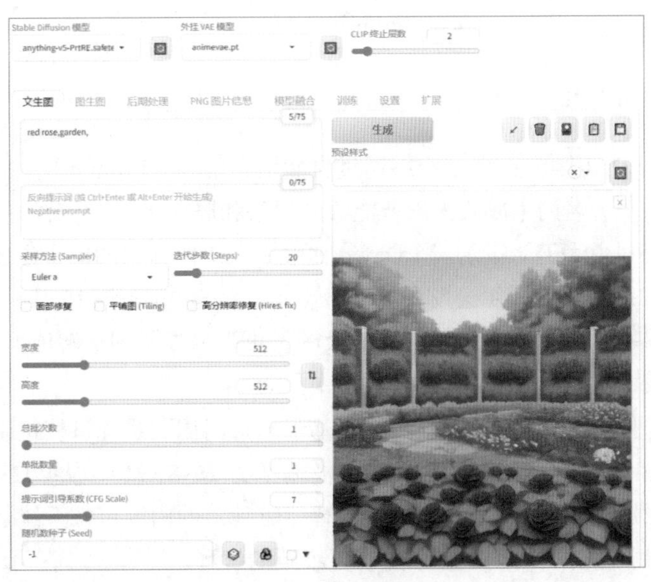

图 3-1　SD-webUI 的界面展示

由于 SD 开源属性和可按需更换模型的特点，在著名的 HuggingFace 和 Civitai 网站上拥有大量来自网友开发并分享的模型。用户通过 SD-webUI 可以方便地下载并使用这些模型（详见本书第 8 章），从而实现各种绘画风格。当然，用户也可以按照教程引导（详见本书第 8 章），在 SD-webUI 中训练自己的微调模型。

3. 官方收费在线平台 DreamStudio

DreamStudio 是 Stability AI 官方在线绘画平台（见图 3-2）。进入 https://dreamstudio.ai/，注册并登录即可使用。DreamStudio 基于 SD 模型，成像质量较好，注册用户可免费体验大约 110 张图像。

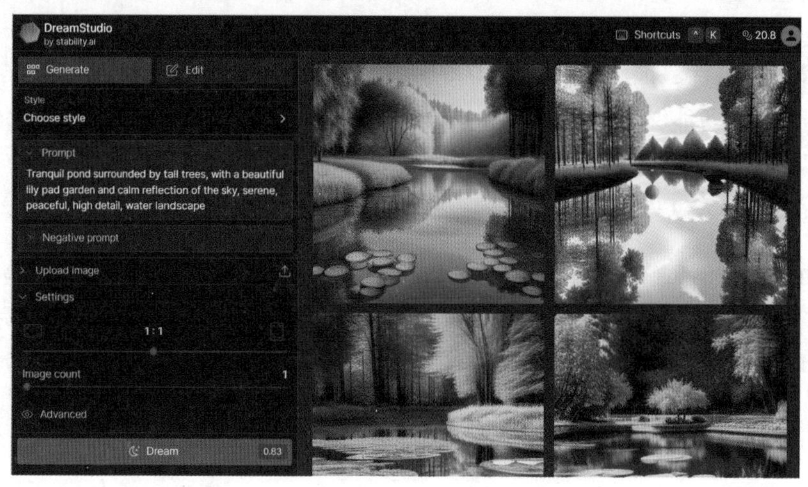

图 3-2　DreamStudio 的界面及效果

3.1.2　精美：Midjourney

Midjourney 与 DALL-E、SD 一样，通过自然语言描述（Prompt）生成图像，成图质量非常精美，是另一个著名的生成式人工智能绘画程序和服务。

Midjourney 公司由大卫·霍尔茨（David Holz）在美国加州的旧金山成立。该公司一直致力于改进算法，每隔几个月便会发布新模型版本，截至 2023 年 10 月，已经发布了 11 个版本。最新版 v6 模型提供 2048 × 2048 高清大图、更强的提示词理解能力和更多的可控性，可以改善手部生成、3D 模型生成和视频生成等。

在 2023 年 5 月之前，Midjourney 实施了基于“禁用词”系统审核机制。这种方法禁止使用与敏感内容相关的语言，如性、色情与极端暴力（NSFW）。从 2023 年 5 月开始，随着版本 v5 后的后续更新，开始过渡到“人工智能驱动”的内容审核系统。新审核极致考虑上下文语境，通过整体分析对用户提示进行更细致的解释。

与 SD 开源且不限制 NFSW 提示词内容相比，Midjourney 的三大特点是：闭源、内容审核与收费。

1. 使用

用户需要通过著名的游戏社交网站 Discord（详见本书第 5.1 节）来使用 Midjourney 绘画服务（见图 3-3）。同时，Midjourney 需要付费订阅才能使用，目前有不同价位和服务的月套餐与年套餐可供选择。

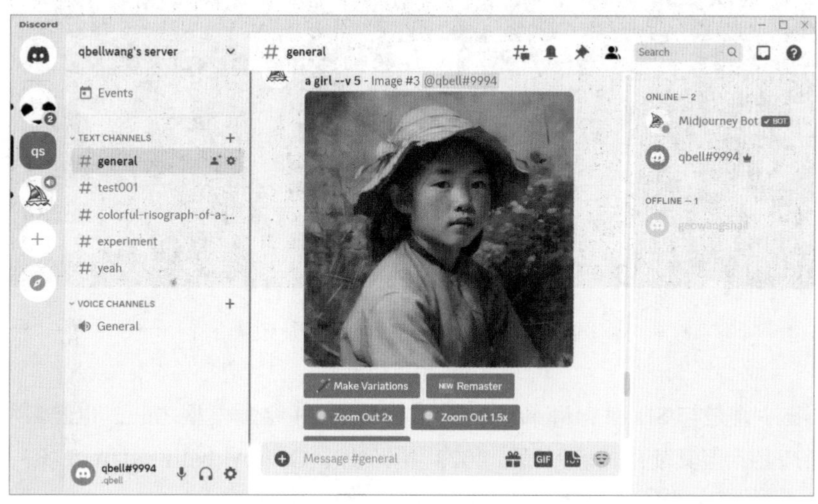

图 3-3 Midjourney Discord 的界面

在 Discord 服务器中，输入相关绘图命令和提示词，可实现文生图或图生图，默认一次性生成 4 张图像。相对于 SD-webUI 复杂的参数选择带来的自由度和操作难度，Midjourney 使用非常简单，对图像控制要求不高的用户非常友好。

2. 效果

一般来说，Midjourney 的出图效果要好于 SD-webUI。由于其封闭性和低自由度，虽然使用简便，但无法更改、加载和训练模型，从而无法使用大量优质微调模型，也无法使用 ControlNet 等插件控制成图内容。

3.1.3 言出法随：DALL-E

DALL-E 是 OpenAI 研发的生成式预训练绘画大模型，支持使用自然语言（提示词）生成图像。OpenAI 于 2021 年 1 月 5 日发布了第一代 DALL-E 大模型，从而引起轰动；于 2022 年 4 月发布了 DALL-E2，AI 绘画性能获得大幅提升；于 2023 年 9 月发布最新版 DALL-E3，出图质量追平了 Midjourney 与 SDXL 1.0，并实现了与 ChatGPT 联动的多模态能力，提示词书写更加方便，指令遵循更加准确。官方平台提供了 DALL-E3 的体验机会

（下载网址为 https://openai.com/dall-e-3），但对国内邮箱有限制。截至 2023 年 10 月，微软已经使用 DALL-E3 模型创建了 AI 绘画应用（见图 3-4），可以使用微软邮箱账户从 https://www.bing.com/images//create 中登录。

图 3-4　DALL-E3 Bing 界面及效果

DALL-E 一直是与 SD 和 Midjourney 齐名的三大 AI 绘画模型之一，也是最早发布的扩算模型绘画产品，但其使用体验一般。2023 年 10 月，OpenAI 推出了 DALL-E3，标志着王者归来了。

DALL-E3 相较于上一代的 DALL-E2，图像生成质量得到显著提升。同时，DALL-E3 与 Midjourney 和 Stable Diffusion 相比，具有以下优势：

- 原生支持 ChatGPT，可以直接在 ChatGPT 中使用 DALL-E3 生成图像，或直接使用 ChatGPT 生成提示词并完善文本描述。
- 更高程度地理解并遵循用户的命令，能较为完整地展现描述词中的物体（Subject）及其画风（Style）。
- 可以将文字自然地嵌入图像中并进行排版。
- 拒绝生成某些涉及公众人物、暴力或仇恨内容的图像。

下面是官网展示的 DALL-E3 生成的图像，提示词翻译是：一条繁忙的城市街道，在满月的照耀下闪闪发光。人行道上熙熙攘攘的行人在享受夜生活，在街角的小摊上，一个留着火红头发的年轻女子，身穿标志性的天鹅绒斗篷，正在与脾气坏坏的老摊贩讨价还价。那个脾气坏坏的摊贩是一位高大、精致的男士，穿着一套利落的西装，留着一抹引人注目的胡子，他正在兴致勃勃地使用着他的蒸汽朋克电话进行交谈。

可以发现，提示词中的街道、行人、满月、女子、摊贩等主体没有遗漏，全部都得到了体现，如图 3-5 所示。同时，所有关于主体的细节描述，也都一一呈现。DALL-E3 对提示词的理解力和呈现力，在本例图中得到了令人印象深刻的验证。

图 3-5　DALL-E3 的官方示例

3.1.4　三大模型对比

为了感受三大模型的差别，这里进行对比演示。使用同样的提示词，分别用 DALL-E3、SDXL 1.0 和 Midjourney v5.2 生成图像进行对比。

此处参考 Jim Clyde Monge、DANIEL NEST 分别在 Generative AI 与 WhyTryAI 中发表的博士论文。他们在文章中使用相同的提示词比较了 SDXL 1.0 与 MidJourney v5.2 生成的图像的差别。在此基础上，我们继续使用其提示词，补充 DALL-E3 生成的图像，然后将三者进行对比。

图 3-6 是使用简单的提示词生成的一张肖像画。3 个模型都完整地体现出了沉思、严肃、大胡子、老人的要素，并且让观众感受了清冷的情绪。在图 3-7 中展示的内容偏“科幻”，细节场景较多，3 个模型基本都体现出了提示词内容并展现出了科幻氛围感（由于在 Bing 中使用 DALL-E3 生成图像的尺寸与形状受限，无法自定义，此处给出的图像为正方形）。其中，Midjourney v5.2 与 SDXL 1.0 生成的图像更加符合人类审美，构图与光影气氛较好。DALL-E3 对发光的水果、五颜六色等细节更加到位，但审美情趣相对较差。

总体而言，三大模型都展现出了较高的绘画水平。很难通过一两次对比，就断定 DALL-E3、SDXL 1.0、Midjourney 三大模型谁更好。但从笔者的使用效果来看，Midjourney 的成像质量总体最好，SD 的控制力、开源及社区分享带来的多样性更具创造力。有人提出一个非常形象的比喻：SD-webUI 是手机界的 Android，Midjourney 是手机界的 iPhone。

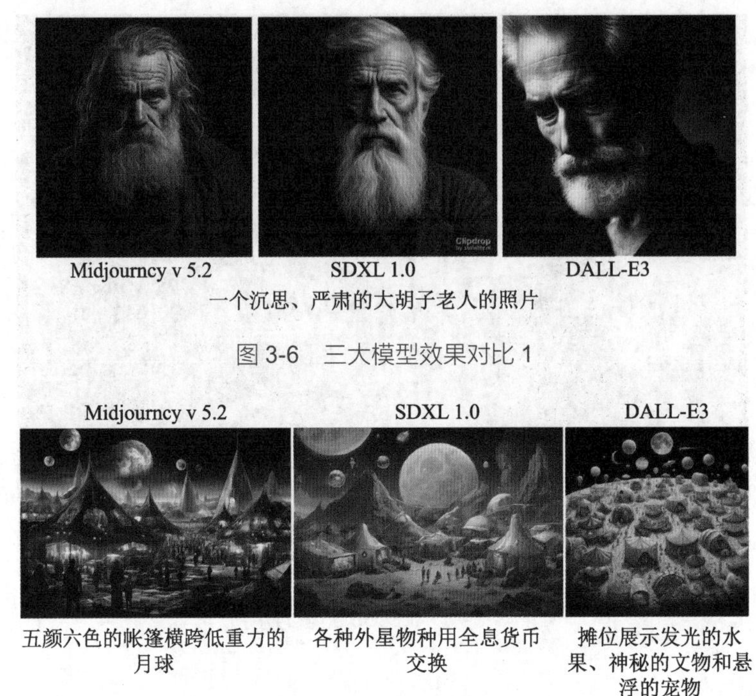

Midjourncy v 5.2
SDXL 1.0
DALL-E3
一个沉思、严肃的大胡子老人的照片
Midjourncy v 5.2
SDXL 1.0
DALL-E3
五颜六色的帐篷横跨低重力的月球
各种外星物种用全息货币交换
摊位展示发光的水果、神秘的文物和悬浮的宠物

图 3-6　三大模型效果对比 1

图 3-7　三大模型效果对比 2

虽然我们可以通过各种参数性能对三大模型进行对比，如表 3-1 所示，但是只有市场永远是正确的。通过 Google Trend 搜索指数可以直接了解三大模型在市场中的受欢迎程度。图 3-8 展示了三大模型全球热度随时间变化的趋势。在 2022 年 2 月以前，AI 绘画仅仅表现出可能性，成图质量差强人意。在 2022 年 4 月 6 日，DALL-E2 发布，随着人们对其创造力的好奇，其在随后两个月中热度持续飙升。Midjourney 在 2023 年 5 月发布了 v5 版本，成图质量得到大幅提升，热度也随之飙升。SD 的热度始终不高，没有出现 DALL-E2 与 Midjourney 一样的短期过热现象。总体而言，每次超预期的模型发布时，都会吸引一大批用户的关注，但最终会回归平稳。注意，中国是全球范围内对三大模型和 AIGC 最为关注的国家（仅限 Google 搜索指数，由于国内大部分用户并不使用 Google，这个数据实际上被严重低估了）。

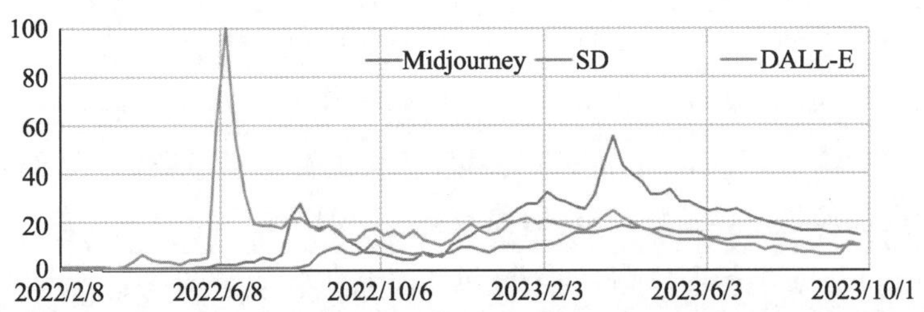

图 3-8　三大模型全球热度数据展示（Google Trend 搜索指数，峰值 100）

表 3-1 三大模型对比

项目	SD-webUI	Midjourney	DALL-E3
是否开源	开源	闭源	闭源
提示词	理解一般，可使用插件辅助	理解较好	理解非常好，可使用 ChatGPT4 生成
用户自定义模型	可加载、可训练	无	无
成图控制	较多控制技巧	少	少
综合成图质量	较高	高	较高
使用难度	难、复杂	简易	简易
流行度	高	高	中
适用人群	对图像控制要求高，需自定义模型或特定风格模型的设计师；或者想深入了解源码的开发者	需要创意启发的设计师，AI 绘画爱好者	需要创意启发的设计师，AI 绘画爱好者

3.2 Clipdrop 简介

截至 2023 年 12 月，SDXL 1.0 是 Stability AI 发布的最新版 SD 大模型。SDXL 1.0 与之前的 Stable Diffusion 模型（包括 SD v2.1）相比，输出图像更逼真、更细腻，改善了人脸生成效果，支持在图像上生成文本、使用更短的提示词。评测表明，SDXL 1.0 能够使用少量提示词，生成和 Midjourney 相媲美的高质量图像。当前，支持 SDXL 1.0 的在线平台较少，可以在 https://clipdrop.co/stable-diffusion 网页上使用 SDXL 1.0，界面如图 3-9 所示。

图 3-9 SDXL 1.0 试用与 Clipdrop Tools

除了 SDXL 1.0，Clipdrop 是 Stability AI 旗下另一款强大的 AI 绘画工具。Clipdrop 提供了多种实用的在线图像生成与编辑工具（下载网址为 https://clipdrop.co/tool），如图 3-10

所示。

- Cleanup：自动去除图像上选定的目标，包括人物、文字和斑点等。
- Image upscaler：将图像像素放大 2 倍或 4 倍，同时去掉噪点并补充细节。
- Relight：给图像重新打光。
- Remove background：从图像中精准提取目标物体，类似于抠图。
- Replace background：瞬间替换图像中的任意位置或任意物体。
- Text remover：高效、自然地移除图像上的文字。
- Uncrop：图像裁剪的反向操作，可以自然地扩展并补充图像，相当于本书第 6.5.3 小节演示的扩充图像。

除了上述功能外，Tools 中还有涂鸦、生成、重生成等 SDXL 提供的功能。

图 3-10　Clipdrop 提供的工具

Clipdrop 的功能强大、实用，利用 AI 实现了常见的图像编辑功能，简单、快速、效果良好且支持在线免费试用。

3.3 Adobe 系列

Adobe 作为艺术设计界的顶级生产力软件供应商，在 AI 绘画的“突袭”之下有些惊慌失措，但仍然快速推出了基于其版权图像库训练出的大模型 Firefly 并集成到 PS 之中。

3.3.1 Adobe FireFly 插件

随着 Midjourney 和 SD 等生成式 AI 绘画工具在大众和设计师中快速传播，作为艺术和设计界的巨头，Adobe 遭遇到了前所未有的挑战。

Adobe 在 2023 年 3 月正式推出了自己全新的 AI 工具 —— Adobe Firefly（网址为

https://firefly.adobe.com/），并向用户提供了体验试用机会，但需排队等候。Adobe FireFly 的提示词包括但不限于英语，支持包括中文在内的 100 多种语言。换言之，我们可以直接使用中文提示词进行 AI 绘画。

2023 年 5 月，Adobe FireFly 插件全面开放，所有人无须等候均可试用。同时，平台开放了四大功能：Text to image（文生图）、Generative fill（生成填充）、Text effects（文字效果）和 Generative recolor（矢量图重新着色）。文字生成 3D 效果与图像扩展功能暂未开放，如图 3-11 所示。

图 3-11　Adobe Firefly 插件功能展示（官网示例图片）

Adobe FireFly 把镜头、灯光、色调等专业化的 Tag 做成可选择的组件，降低了使用门槛，提高了操作便利性。由于 Adobe 坚持用自己的版权图像数据集训练底层 AI 绘画模型，与使用海量网络图像标签数据集的三大模型相比，其文生图效果略有差距，如图 3-12 所示。Adobe 采用了保护知识产权消减训练数据集的策略，Midjourney 则几乎忽略了艺术家与版权，二者代表当前 AI 绘画大模型的两种典型路径。对于必须确保输出图像版权的知名商业而言，Adobe FireFly 拥有巨大的优势，因为其在乎图片创意的同时，更在意版权合法性。对于艺术家和创作者而言，Midjourney 会因为不着痕迹的“无偿盗用”而威胁到人类自我创意的成长，长期下去，会导致艺术家、设计师、创作者失业，降低人类整体的原生创意，而这一切正在发生。

Generative fill（生成填充）的效果令人惊艳。跟 Stable Diffussion 的局部重绘类似，用画笔将一个地方涂抹后，再用文生图在涂抹位置生成与原图无缝衔接的新图像，如图 3-13 所示。Adobe 在图像处理领域深耕多年，Generative fill 的合成效果不负众望。在模特换装、路人移除、背景重绘等方面，使用 Generative fill 可以快速达成目标。

死士在英国一所公寓大楼外的汽车顶部摆出广角姿势

图 3-12　Adobe FireFly 与 Midjourney 对比（原图引用自量子位）

图 3-13　FireFly 生成填充效果展示（官网示例图片）

FireFly 还有 3 个即将上线的功能（见图 3-14），分别是草图生成图像、个性化结果和文字生成模板。这些在工作中非常实用的修图技巧，基于 AI 绘画模型进行整合后，能显著提升设计师的生产力。

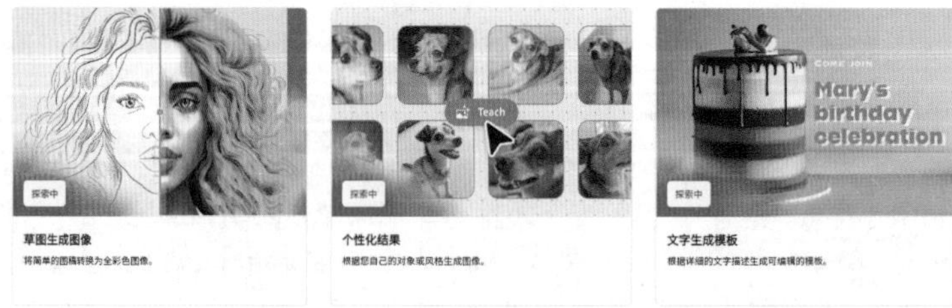

图 3-14　待上线的新功能（官网示例图片）

2023 年 10 月，Adobe 推出生成式 AI 绘画模型 Firefly Image 2 Model（Beta），相对于 Image 1，其绘画能力（高清、细节、色彩、质感等多方面）得到了大幅提升，能够直接生成 2048×2048 的高清图像。同时，Image 2 模型提供了以下新功能：

- 人像效果增强：人物细节更丰富、精致，新增“视觉强度”选项，可以调整照片的视觉风格强度。
- 图生图：使用自己上传的参考底图或官方提供的参考图库，可以快速创建相似的图像。
- 照片设置：如果生成图像的“内容类型”为照片，可以在“照片设置”中调节照片的光圈、快门速度和焦距等相机参数，获得更精美的照片。
- 提示建议：输入提示词的时候，系统根据缩填提示词给出 5 组画面细节与风格的优化建议。
- 提示链接共享：可以通过单击优秀提示词链接，快速应用提示词及相关设置。
- 反向提示词：在“高级设置”中可以输入“负面提示”，避免生成不想要的内容。

注意，截至 2023 年 10 月，Firefly Image 2 Model（Beta）仅在美国等部分地区开放使用。

3.3.2 Photoshop AI 插件

2023 年 5 月，Adobe 公司宣布在新版 Photoshop 中推出生成式 AI 绘图功能（Photoshop 24.5，或者 Photoshop 2023 Beta）。Adobe 将 FireFly 与 Photoshop 相结合，集成到 Photoshop 中的每个选择工具中，并生成一个全新的“生成层”。该功能提供了创意设计和工作流程辅助，为用户提供了一种令人惊叹的全新工作方式。

从 2023 年 5 月份开始，Photoshop 订阅用户可以使用文生图功能。新版 Photoshop 中添加了一个新任务栏，基于该任务栏，用户能够在 Photoshop 内使用提示词生成图像，并利用 Photoshop 原有工具对图像进行编辑。每次进行选择时，都会弹出带有生成填充按钮的任务栏，用户可选择继续正常的选择工作流程，或者尝试生成一些新内容。

Photoshop 2023 Beta 安装方法可以参考网络教程。为了更好地使用 AI 设计功能，个人计算机中最好提供 GPU 支持。另外，许多老用户担心加入 AI 后，界面和操作变得陌生而复杂，但 Photoshop 2023 Beta 与旧版本界面的差别较小，老用户使用起来仍然十分熟悉。

3.4 国内在线平台

继三大模型之后，国内头部大厂快速布局跟进 AI 绘画，并纷纷在 2023 年上半年推出自己的 AI 绘画平台。与此同时，部分国内创业公司纷纷抢占 AIGC 风口，基于开源的 SD 模型开发了自己的在线 AI 绘画平台。

3.4.1 吐司 AI

吐司 AI（网址为 https://tusiart.com/）是一款简单又好用的国产在线 AI 绘画工具，如图 3-15 所示。同时，吐司 AI 集成了智能推荐和社区互动分享功能，并提供了模型库（包括 C 站镜像），方便用户挑选适合自己的绘图方式和独特的风格。跟三大模型、FireFly 或其他国外 AI 在线绘图网站相比，吐司 AI 具有能同时满足国内使用、中文界面、可使用中文提示词、在线使用和可免费试用 5 大优势，对国内用户非常友好。

图 3-15　吐司 AI 主页

吐司 AI 提供了较为完整的界面简洁的在线生图功能，如图 3-16 所示。吐司 AI 在线生成速度较快，提供了大量的模型与图片，用户可方便地选择模型或复制所选图片的提示词。在功能和风格上，我们可以理解为，吐司 AI 是国内版的 Civitai。

图 3-16　绘画展示

与吐司 AI 相似的国内 AI 绘画网站还有哩布哩布（网址为 https://www.liblib.ai/）、无限创作（网址为 https://wxcz.aibot.wang/）等。上述网站一般都提供免费试用算力、各具特色的 SD-webUI、模型库与图库。其中，哩布哩布与吐司 AI 规模较大，用户分享的模型与图片较多，为无限创作提供了较多知名插件和常用的 AI 图像编辑功能。2023 年 9 月，出现过一次 AI 绘画网站（如较早提供在线 AI 绘画的海艺 AI、无界 AI 等）批量关停的现象，如果遇到某些知名网站无法打开（书中给出的网站链接在 2023 年 12 月之前均可打开），可能是更换域名或者已经停止运营。

在此，推荐笔者团队开发的在线 AI 绘画综合平台—— AI 可学（网址为 https://www.xueai.art/）。该平台主要针对高校学生、教师及其他 AI 绘画技能提升者，提供全面、系统、最新的学习文档和视频资料。

3.4.2 美图

美图作为国内图像处理的头部公司，在 2023 年 6 月公布了自己的 7 款 AI 产品。其中：3 款产品针对普通用户，分别是 AI 视觉创作工具 WHEE、AI 口播视频工具开拍、桌面端 AI 视频编辑工具 WinkStudio；4 款产品针对商用用户，分别是 AI 商业设计的美图设计室 2.0、AI 数字人生成工具 DreamAvatar、美图 AI 助手 RoboNeo、美图视觉大模型 MiracleVision。

通过美图官网（https://pc.meitu.com/design?from=more），可以试用很多实用功能，如图 3-17 所示。

图 3-17 美图 AI 绘画（官网示例图片）

3.4.3 文心一格

文心一格是百度 AI 绘画平台（网址为 https://yige.baidu.com/creation），如图 3-18 所示。与其他 AI 绘画类似，用户输入文字描述，AI 生成图像。在文心一格官网，用户只需要输入提示词并选择期望的画作风格，即可快速生成对应图像。文心一格现已支持国风、油画、水彩、水粉、动漫和写实等十余种不同风格的高清画作的生成。

图 3-18　百度 AI 绘画

文心一格提供大约 20 张图的免费试用机会（默认一次生成 4 张，可调整为 1 张），出图速度很快，图像质量较好。

3.4.4　腾讯

1. 腾讯 AI Art

腾讯 AI 绘画（网址为 https://cloud.tencent.com/product/aiart）如图 3-19 所示，以腾讯云与太极机器学习平台为基础，基于自研太极模型，可以实现文生图、图生图。由于相关资料较少，以下内容表述主要参考官方的介绍文档。

图 3-19　腾讯 AI Art 官方的文生图示例

腾讯 AI 绘画（AI Art）提供 API 服务，支持中文提示词，提供多样化的风格选择，其生成图像侧重东方审美。在建筑风景生成、古诗词理解、水墨剪纸等中国元素的风格上，AI Art 独树一帜。同时，腾讯 AI Art 也支持常规的动漫和游戏等多种风格。

腾讯 AI Art 具体提供以下 API 服务：

- 文生图：根据输入的提示词，生成相关图像，支持水墨画、油画、动漫和肖像画等多种风格。
- 图生图：根据输入的底图及提示词，生成相关图像，支持动漫和古风等多种风格。

腾讯 AI Art 的收费模式有 3 种：免费试用资源；免费资源用完后，可选择预付费模式；后付费模式。以生成一张图片（API 调用成功一次）作为计费单位，大约 0.1 元一次。

2. 腾讯智影——在线 AI 绘画

腾讯智影 AI 绘画（网址为 https://zenvideo.qq.com/image/create）如图 3-20 所示，在绘图界面提供了多种模型主题和不同的绘画风格，如国风、动漫和科幻等，支持中文提示词并提供高级设置项，包括效果预设、负面提示词和权重设置等，可以满足多种场景的绘图需求。

腾讯智影 AI 绘画每日可免费使用 3 次，超出额度后可使用金币继续绘画。

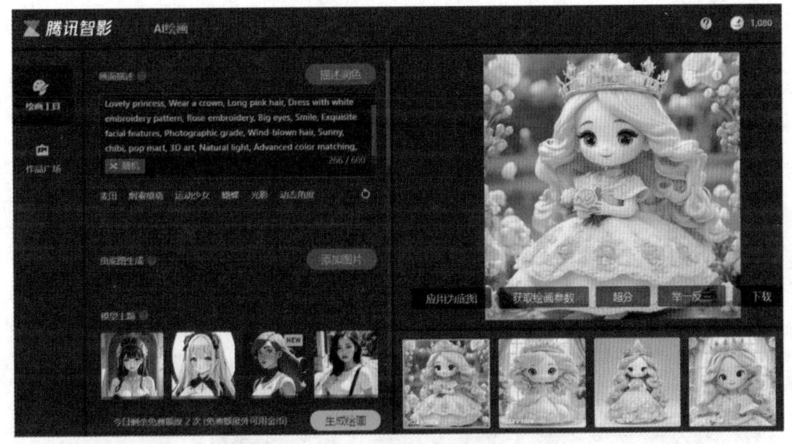

图 3-20　腾讯智影 AI 绘画示例

3. AIDesign——在线 LOGO 生成

腾讯最近推出了一款可在 10s 内生成大量 LOGO 的 AI 产品—— AIDesign（网址为 https://ailogo.qq.com/guide/brandname），如图 3-21 所示。用户输入品牌名称后，按提示选择领域、关键词和颜色等要素，即可快速生成多种风格的 LOGO。

对许多企业而言，设计一个独特且具有辨识度的 LOGO 非常重要。AIDesign 提供了一种简洁、快速的 LOGO 生成方式，显著提高了设计师的生产力。

截至笔者完稿前，基于 AIDesign 生成的图标可免费下载并且不限制商用。

其中，左上部分为首页，右上部分为元素选择，下方为作品展示。

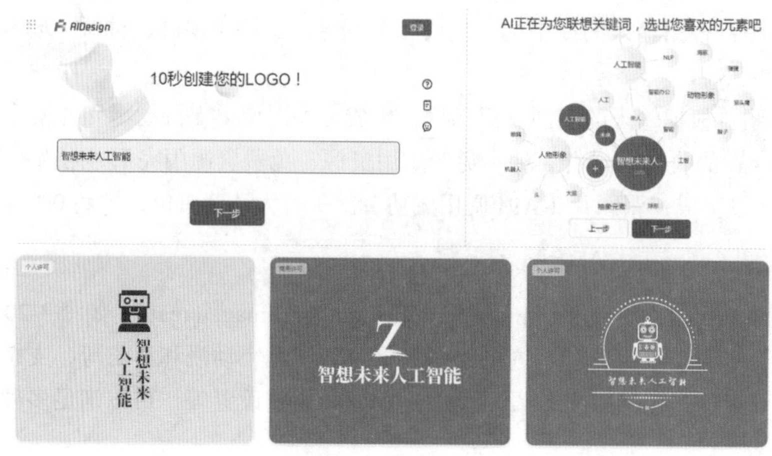

图 3-21　AIDesign 页面

3.4.5　阿里

1. AI 反应堆

AI 反应堆（网址为 https://d.design/ai）如图 3-22 所示，是由 Alibaba Design 团队在 Design（堆友，网址为 https://d.design/ai）上推出的 AI 绘画、模型与作品分享的新功能。

图 3-22　AI 反应堆绘画首页

在 AI 反应堆中，可以实现多种 AI 绘画功能，如图 3-23 所示，除提供场景插画、敦煌舞女、赛伯朋克、Q 版手绘、国风摄影、怀旧日漫、CG 人物等模板风格外，还提供“一键同款”功能，可以直接生成相似的图像。截至笔者完稿前，该 AI 绘画功能是免费的。

图 3-23　AI 反应堆绘画示例

2. 通义万相

在 2023 年 7 月 7 日世界人工智能大会期间，阿里云宣布推出通义大模型下的 AI 绘画模型——通义万相（网址为 https://wanxiang.aliyun.com/?utm_source=ai-bot.cn），如图 3-24 所示，寓意“刻削生千变，丹青图万相”。

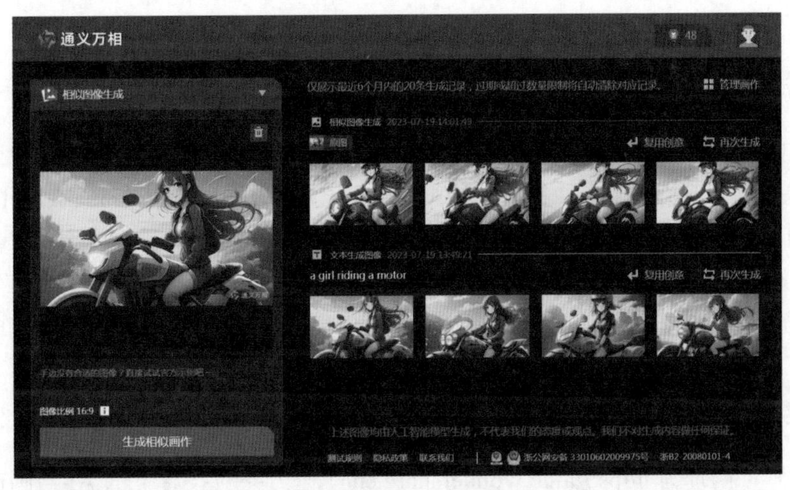

图 3-24　阿里的通义万相试用示例

通义万相作为 AI 绘画模型，将在持续研发中不断优化，首批上线了 3 大功能：文生图、相似图像生成和风格迁移，单一模型即可支持多类图像生成类任务。目前，通义万相已经上线，并正式面向公众展开测试。

3.4.6 其他平台

1. 360 鸿图

360 鸿图（网址为 https://tu.360.cn/）是 360 最新推出的 AI 图像生成大模型，如图 3-25 所示。360 鸿图支持文生图、图生图，用户输入提示词，即可一键生成图像。360 鸿图支持 CG、写实、动漫和剪纸等多种风格，用户可以自由选择图像生成风格和生成比例，并设定光线、渲染方式等专业化参数。笔者测试发现其生成图像较慢，尝试多次仍生成失败，因此选择网络图片作为示例。

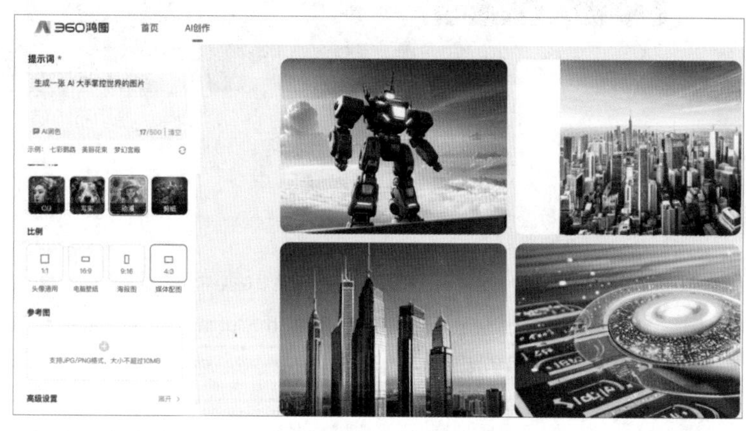

图 3-25　360 AI 绘画示例

2. 商汤秒画

作为国内计算机视觉和深度学习领域的头部玩家，商汤自然不会缺席 AI 绘画模型的盛宴。商汤自研的 AI 绘画产品取名为“秒画”（网址为 https://authmiaohua.sensetime.com/），如图 3-26 所示，可以实现文生图、图生图等绘画功能，同时支持多种风格。“秒画”模型使用了 Flash Attention 算子优化技术，作图速度提升了 3 倍。

在商汤 AI 绘画平台上还包含多个商汤自研模型及用户分享的社区模型，同时还支持用户 Finetune、动作控制等功能。

3. 万兴爱画

万兴爱画（网址为 https://aigc.wondershare.cn/）是万兴科技旗下的 AI 绘画产品，是国内早期上市的 AI 绘画产品之一，如图 3-27 所示。万兴科技被誉为“中国版 Adobe”，拥有亿图等口碑产品，但关于万兴爱画的评价并不多。万兴爱画除了支持常见的文生图和图生图功能外，还支持 AI 简笔画（类似于本书 7.2.1 小节中的涂鸦模式）。

图 3-26 商汤秒画示例

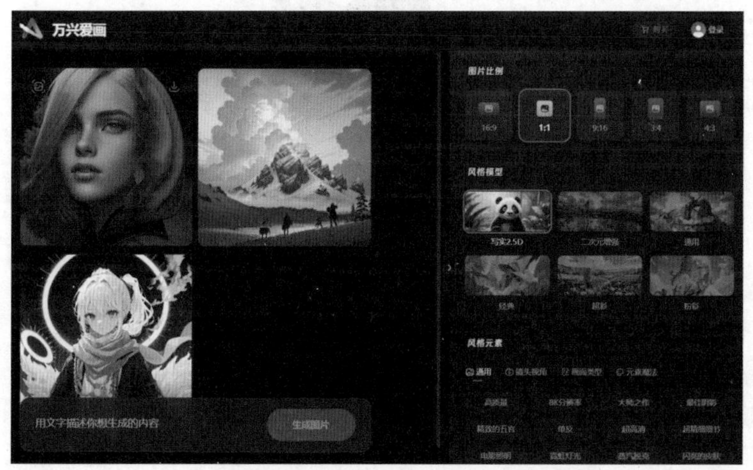

图 3-27 万兴爱画

4. 天工巧绘

天工巧绘（网址为 https://sky-paint.singularity-ai.com/index.html#/）是一款由昆仑万维开发的 AI 绘画产品，以文生图，帮助用户快速生成符合要求的图像，如图 3-28 和图 3-29 所示。天工巧绘支持多种绘画风格，包括卡通、动漫、插画和写实等，可以根据用户的需求和喜好进行选择。登录后支持免费试用。

图 3-28　天工巧绘页面

图 3-29　天工巧绘效果展示

3.5 模型平台

国外在线的 AI 绘画网站非常多，大部分收费比国内更贵且国内可能无法访问。同时，相对于国内在线绘画网站，国外网站在功能上并没有体现出明显的优势，反而国内网站一般都支持中文提示词，更加适合我们使用。因此，本节只介绍两个必用的国外工具网站 Hugging Face 和 Civitai，其余的国外在线绘画网站不再进行介绍。

3.5.1 Hugging Face 简介

Hugging Face（网址为 https://HuggingFace.co/）是一家著名的 AI 公司，主要贡献为开发开

源软件库和工具，其 Transformers 库最受欢迎，广泛应用于各类 NLP（自然语言处理）任务。此外，Hugging Face Spaces 和 Hugging Face Datasets 等商业产品为构建和部署 NLP 模型提供了工具和基础设施。很多业界“大牛”也在 Hugging Face 上使用和提交新模型。截至 2023 年 8 月，Hugging Face 已经共享了超 292 000 个预训练模型、52 900 个数据集，成为 AI 领域的 GitHub。

Hugging Face Hub 是一个旨在为人工智能开发者服务的社区，主要包括以下几个模块，具体如图 3-30 所示。

- 模型（Models）：提供多种存储在模型仓库中的预训练 AI 模型。
- 数据集（Datasets）：提供多种公开数据集。
- 空间（Spaces）：提供试用的 AIGC 模型。
- 文档（Docs）：提供大量模型和数据集文档。

图 3-30 Hugging Face 首页

因此，从事 AI 绘画相关的研究者，可以在 Hugging Face 快速高效地获得数据集、模型、文档和社区帮助。

Hugging Face 提供扩算绘画模型的各种预训练版本，供用户免费下载。图 3-31 中展示了 SDXL 1.0 的下载方式。

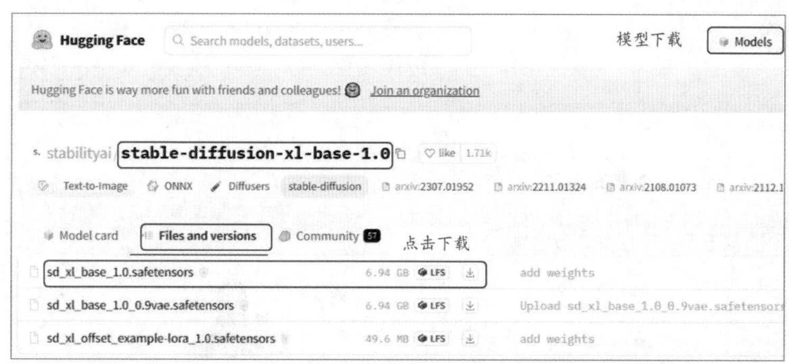

图 3-31 模型下载

Hugging Face 还提供了很多知名的绘画模型、插件与最新研究成果，可以在线使用，图 3-32 展示了其中的一部分。

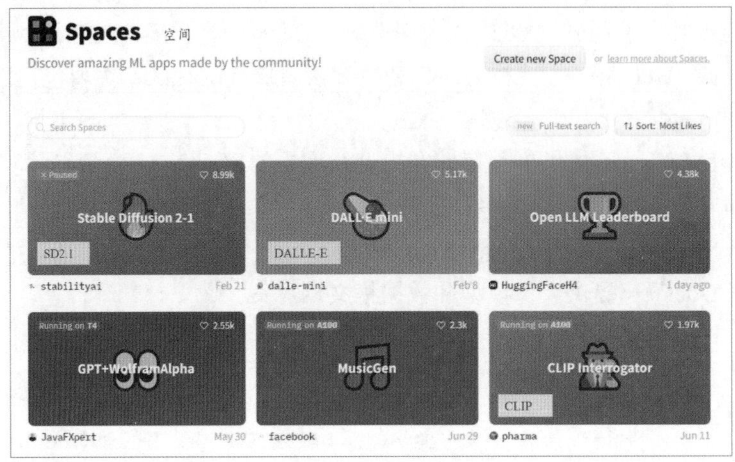

图 3-32　Spaces 提供的在线试用模型

图 3-33 展示了名噪一时的 DragGAN 在 Hugging Face 中的在线试用界面。免费试用次数有限，免费试用次数使用完后需要购买算力。

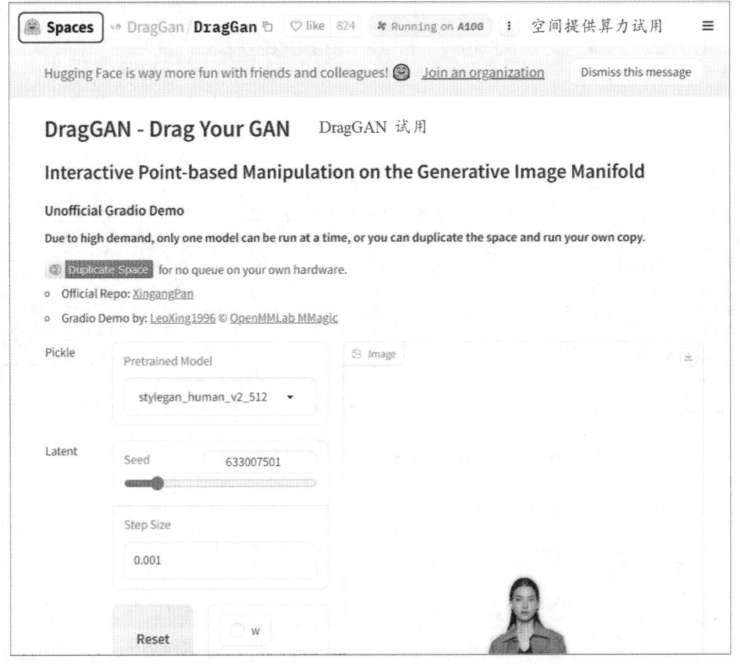

图 3-33　DragGAN 模型在线试用

3.5.2　Civitai 简介

Civitai（网址为 https://www.civitai.com/）是知名的 AI 绘画作品、模型分享与评价网站，如图 3-34 所示。网站收集了来自数百位创作者的近 2 000 多个模型以及近 20 000 张带有提示词的图片，聚集了数千条针对模型和作品的社区评论。自 2023 年 5 月份之后，国内无法直接访问 Civitai。

用户使用不同模型生成个性化的图片，给图片打上标签后，分类分享到 C 站（国内网友将 Civitai 简称为 C 站）。同时，用户可以通过搜索和分类排序等方法找到热门图片，查看、评价、分享及下载这些图片。

除了图片外，用户可以上传、分享、浏览和下载使用个人数据训练的自定义模型。

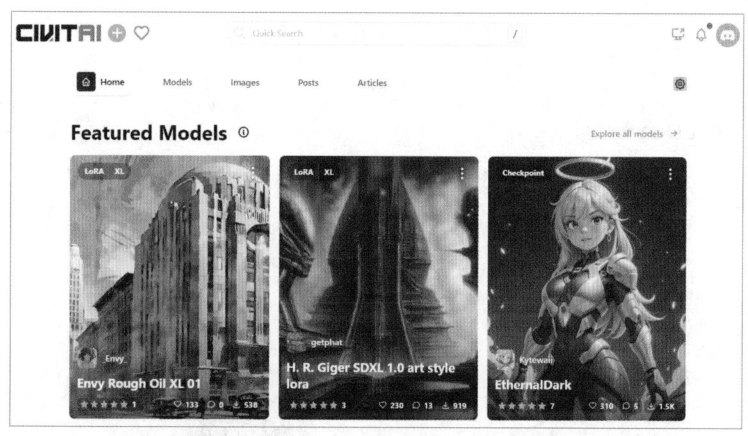

图 3-34　Civitai 首页

除非特别说明，Civitai 上的模型和作品均可免费下载使用。

在本书 4.3.3 小节中将介绍如何利用 Civitai 上的图片提示词进行绘画。在第二本书《AI 绘画大师之道：高级技术》中将介绍 Civitai 的模型分类及如何获取优质的模型，故此处不再赘述。

3.5.3　LiblibAI 简介

LiblibAI（网址为 https://www.liblibai.ai/）的网站风格与 Civitai 相似，用户可上传、分享图片，免费（除特别说明）下载模型及图片，如图 3-35 所示。当前，LiblibAI 上的模型量及用户量不及 Civitai，但其发展极为迅速，短短数月已经形成了大量高质量自有模型与图片库。LiblibAI 可以简单理解为国内版 C 站，其相比于 Civitai 的最大优势是在国内可直接访问。

同时，LiblibAI 提供在线绘画功能，如图 3-36 所示，新用户拥有免费试用次数。试用效果表明，该在线绘画功能相当于一个完整版的在线 SD-webUI，可直接选择加载网站模型，出图速度较快。

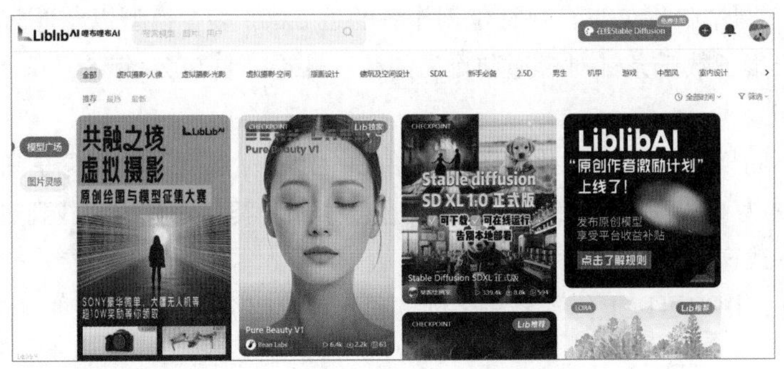

图 3-35　LiblibAI 首页

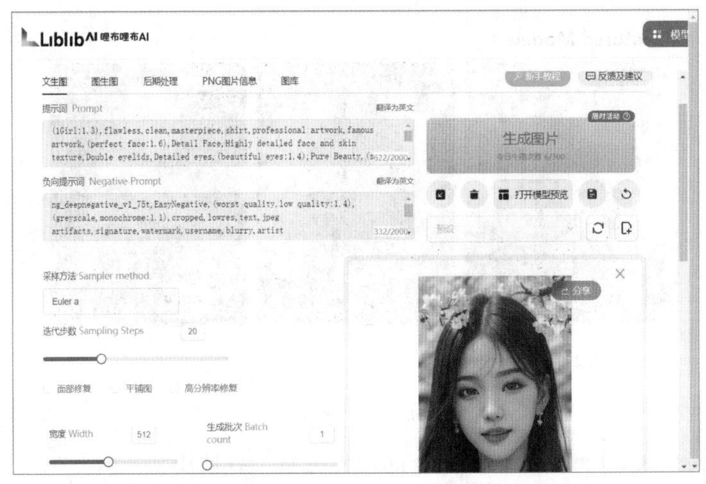

图 3-36　LiblibAI 在线绘画功能示例

3.6　大模型多模态绘画

所谓多模态大模型一般是指基于生成式预训练大模型，在文字交互的基础上，实现图像、文字、语音和视频交互，增加了基于图像和音频 / 视频的推理、总结与创作能力。当前，百度文心一言、360 智脑、ChatGPT 等大模型都拥有多模态功能，能实现文生图的任务。

文心一言（网址为 https://yiyan.baidu.com/）是百度全新一代知识增强的大语言模型，是文心大模型家族的新成员，能够与人对话互动、回答问题、协助创作，基于飞桨深度学习平台和知识增强大模型，能画出符合使用者要求的图像。

2023 年 3 月，在文心一言最初的版本中，由于对中文输入词的理解不足，文心一言曾经闹出不少关于“胸有成竹”“唐伯虎点秋香”“红烧狮子头”的笑话。3 个月后，笔者在文心一言上进行测试，使用同样的提示词，得出的对比图如图 3-37 所示。可以发现，文心一言进步非常快，其文生图的多模态功能很强，跟以生成式绘画为单一功能的三大 AI 绘画模型相比，其功能并未逊色多少。

图 3-37　文心一言文生图示例

其中，上面两幅是早期版本生成的图像，下面两幅是最新版本生成的对比图。

360 智脑（网址为 https://ai.360.cn/）是 360 公司研发的大语言模型，如图 3-38 所示。它基于千亿参数的大规模预训练模型，具备完整的技术体系和丰富的应用场景。360 智脑能够完成自然语言处理、自动翻译等语言处理任务，支持文本生成、对话生成和语音识别等 AI 能力。360 智脑能够根据用户的文字描述或输入的图像生成符合要求的图像，如设计图纸或进行艺术创作等。

ChatGPT 4.0 是最早发布的多模态大模型，至 2023 年 9 月，仅接受输入文字或图片，输出文字。2023 年 10 月，OpenAI 推出原生支持 ChatGPT 4.0 的 DALL-E3 后，在 Bing chat（https://bing.com/chat）平台上，可以通过 ChatGPT 4.0 调用 DALL-E3 实现文生图（见图 3-39）的功能。Bing chat（ChatGPT 4.0）对使用中文命令绘画或者对中文绘画元素理解较差，如对“胸有成竹”“唐伯虎点秋香”等词汇无法完成绘图任务，此处仅用山水画进行展示。

图 3-38　360 智脑文生图示例

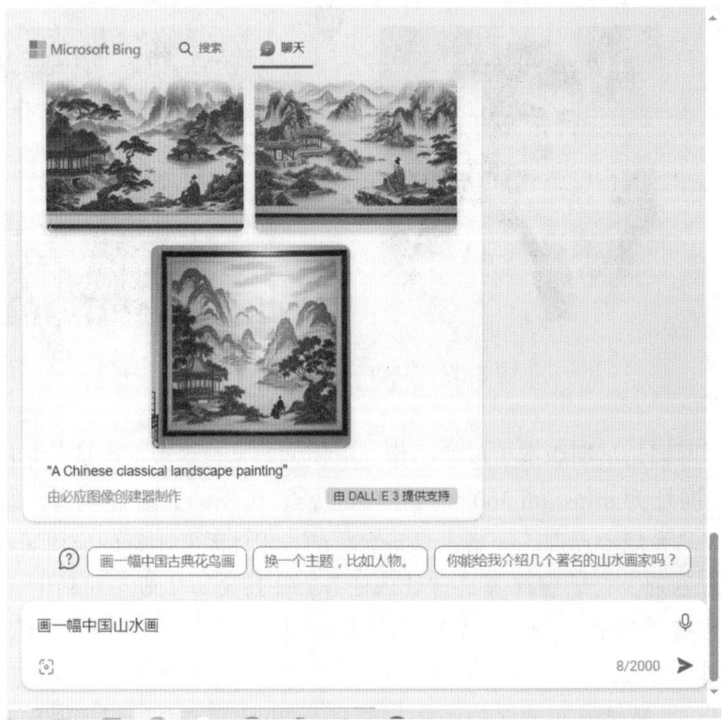

图 3-39　Bing chat 多模态示例

第2篇

AI 绘画基础知识

第 4 章

提示词

提示词（Prompt）向人工智能大模型（如 ChatGPT 和 Stable Diffusion 等）输入的自然语，用于引导和激发 AI 生成特定的回应或内容。根据提示词，人工智能大模型将结合其训练数据和内置算法来生成相应的回答、细节信息或其他相关信息。提示词对于获得高质量、准确和有用的大模型输出至关重要。一个清晰、明确且具体的提示，有助于 AI 更好地理解用户的需求，从而生成高质量的回答。

在 AI 绘画中，精心设计的提示词可以引导 AI 生成更符合预期或更高质量的图像。提示词是 AI 绘画模型中基本的输入之一，一般特指用户输入的一段文字或一张图像，该文字或图像作为生成图像的起点或灵感来源，为模型提供具体而细致的指示，引导 AI 绘画生成符合用户需求的图像。

由于提示词可以令 AI 绘画无中生有且时常会出现令人惊艳的结果，所以网友们形象地称之为“咒语”，写提示词也称之为“咒语”。一条完整的、规范的“咒语”提示词一般包含以下 5 个方面的信息。

1. 图像主体

图像主体是指拟生成图像中的对象，通常是人物或物品，如图 4-1 所示。

2. 图像场景

图像场景是指拟生成图像中的对象所处的场所或场景。图 4-2 中的几张图均暗含了具体情境的场景。

3. 环境色彩

环境色彩是指拟生成图像中的光照、天气、氛围、色彩和纹理等其他细节信息，如图 4-3 所示。

A young man drinks coffee in a café

A white cat playing in the garden

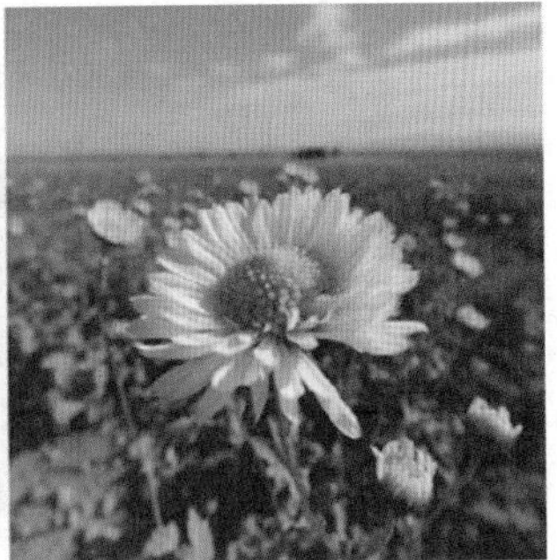
A blooming chrysanthemun on the steppe

图 4-1 明确要画什么——图像主体

a beautiful girl in a birthday party

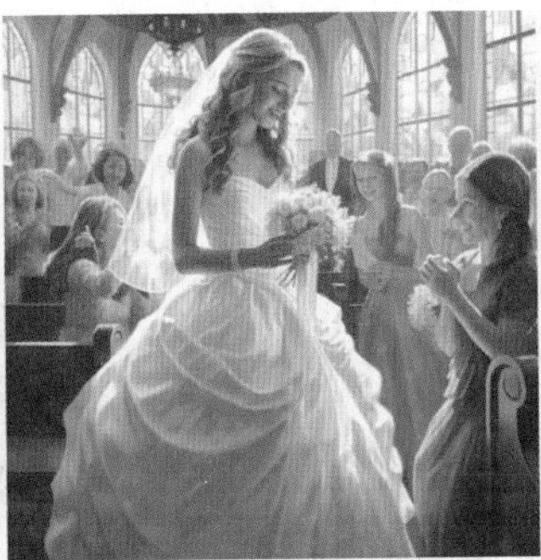
a girl in a wedding scenes

a girl in graduation ceremonies

图 4-2 图像场景

A sunny morning

The sea of pink flowers is shrouded in mist,quiet and comfortable

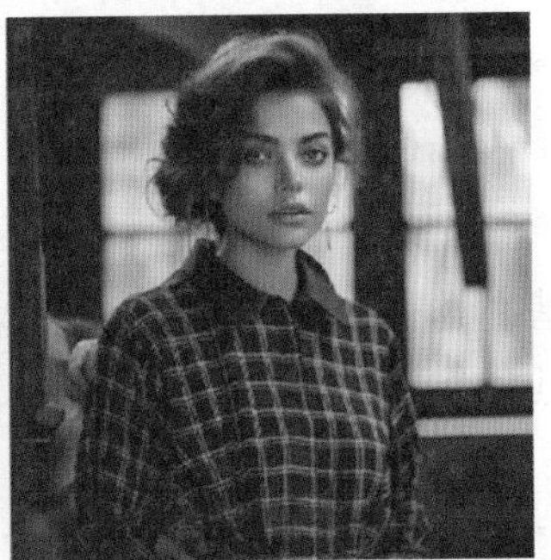
A girl wearing an English-style knit plaid blouse

图 4-3 环境色彩

4. 图像风格

图像风格是指拟生成图像所采用的绘画风格，如图 4-4 所示。

A cartoon of a Shinkai Makoto style couple holding hands running on the street

A classical Chinese landscape painting of the Yellow Crane Tower towering by the Yangtze River

Self-portrait of Van Gogh

图 4-4　图像风格

5. 图像设定

图像设定用于指定拟生成图像的尺寸、比例、像素、视角和拍摄方式等。例如图 4-5 所示的图片分别为一个中等尺寸的城市景观，高清、广角；俯拍视角的东湖风景区；仰拍视角的一株高大的香樟树。

A medium-sized cityscape, HD, wide angle

Top view, East Lake Scenic Area

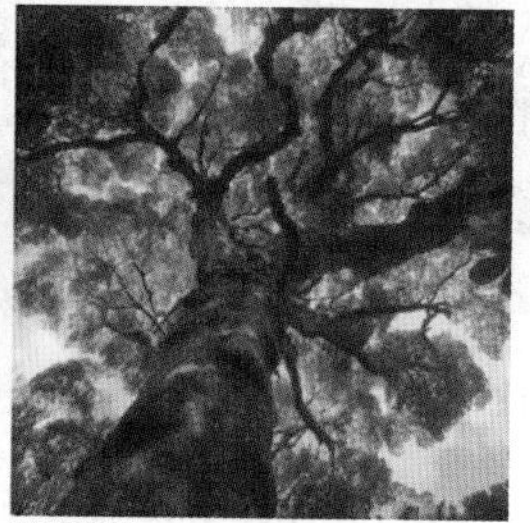
Tile view, a tall camphor tree

图 4-5　图像设定

提示词的编写需要考虑具体场景和需求，同时要确保清晰、准确和具体。下面从提示词基本语法规则、提示词的 5 大类型（主体、场景、环境色彩、风格、设定）、提示词辅助工具 3 个方面进行介绍。

4.1 基本规则

目前，AI 绘画主要基于两种主流平台：Stable Diffusion WebUI（简称 SD-webUI）与 Midjourney。二者提示词的书写规则基本相同，但部分语法规则和符号意义差异较大。下面将以 SD-webUI 为主，针对 Midjourney 的特殊语法进行补充介绍。

4.1.1　语法规则

AI 绘画提示词的书写比较自由，仅需遵守如下基本书写规则[18]：

- 英文书写：提示词需要英文书写，可以通过翻译软件进行转换。使用中文也可生成图像，但一般情况下效果欠佳。
- 词组构造：提示词以单词 / 词组 / 短句作为单位，不需要完整的语法结构和主从句。
- 词组分隔：单词、词组、短句之间用英文逗号分隔。
- 换行：提示词可以换行，但每行的行末最好输入英文半角逗号。

虽然很多情况下是采用词组分隔的词语堆叠来写提示词（标签语法 /Tag），如一个女孩，骑自行车，等待，在便利店前，但是采用完整的自然语句（自然语法）作为提示词也可以生成图像，如一个骑自行车的女孩在便利店前等待。

这两种形式并不相互排斥，可以相互融合。需要注意的是，在某些情况下，堆叠词语可能会导致画面元素与期望不符。例如，在上述例子中，大模型并不清楚等待的具体含义，使用词组分隔时，女孩坐在自行车车座上；使用自然语句时，女孩并未坐在自行车车座上，此时女孩是否坐在自行车车座上等待是随机的。

与完整的描述语句相比，词语堆叠一般没有上下文逻辑关联，从而更能激发 AI 绘画模型“天马行空”的创造力，有时能给出超越人类想象力的惊艳作品。这种创作体验被网友形象地称为“开盲盒”和“抽卡”。

以下对词汇相同但改变表达方式的提示词进行对比。词组堆叠：A girl, riding a bicycle, waits in front of the convenience store；自然语句：A girl riding a bicycle waits in front of the convenience store，生成的图像如图 4-6 所示。

图 4-6　女孩是否坐在自行车车座上

4.1.2 顺序

首先，提示词中的词语顺序会影响画面内容的呈现。

虽然提示词中每个词语的权重均默认为 1，但是在实践中发现，词语重要性从前到后依次逐步减弱，顺序和权重密切相关（不排除偶尔失效）。

以提示词：A girl stands in front of a pumpkin 为例，此时，AI 会围绕女孩为焦点展开绘画，如图 4-7 所示。如果更改词语次序：In front of the pumpkin stands a girl，绘画通常会以南瓜为核心生成图像，而女孩成为次要元素，进而出现人物不突出、表现力不足的情形。

A girl stands in front of a pumpkin

In front of the pumpkin stands a girl

图 4-7　提示词的顺序会影响内容呈现

当然，这就自然衍生出了第二个问题：在上例中，如果我们首先描述的是一只手表而不是南瓜，然后将提示词更改为“戴着手表的女孩”，女孩会成为次要元素吗？

答案是否定的。对于手表这类物品，当它们与女孩相结合时，往往被看作女孩的附属手部配饰。那么，如何判断哪些物品会被视作附属呢？这只能取决于我们的生活经验。AI 绘画大模型基于人类图像集进行训练，已经学习了大量人类“经验”，能够自然地将手表视作附属配饰。尽管如此，它仍存在一些理解不够完美的地方。以提示词 Girl wearing a watch 为例，生成图如图 4-8 所示，可以发现，AI 并不能很好地区分手表和秒表之间的差异。

图 4-8　手表还是秒表

其次，提示词中相邻的两个词语，在画面输出中存在潜在的交叉影响的情况。

例如，你想描绘一个女孩和蝴蝶的美好画面，如果你采用了词语堆叠的方式写提示词，那么在生成的图像中，女孩的衣服或其他地方会有一定概率出现蝴蝶，如图 4-9 左图所示。但是将提示词的顺序改写一下，则这种情况基本可以避免，如图 4-9 右图所示。

shining sun, a girl, dancing butterflies, flowers

a girl, shining sun, dancing butterflies, flowers

图 4-9　相邻元素的影响

4.1.3　权重

为了强调某个元素，增强（或弱化）该要素被 AI 画出的概率或呈现的效果，除了考虑将该元素提示词的顺序前置外，还可以通过赋予权重来“划重点”。

基于 SD 大模型的 AI 绘画，一般按表 4-1 中的规则来调整提示词权重（Midjourney 的权重设置规则详见本书第 5 章）。

表 4-1　SD 权重的定义规则

符　号	意　义	示　例
()	(:) 可直接定义权重	(1girl:1.5) 权重：1.5
	英文括号，权重变为原来的 1.1 倍，可套用	((1girl)) 权重：1.1 × 1.1=1.21
{ }	权重增大为原权重的 1.05 倍，可套用	{{1girl}} 权重：1.05 × 1.05=1.1025
[]	权重缩小为原权重的 0.9，可套用	[1girl] 权重：1 × 0.9=0.9

权重值一般在 0.5 ～ 2 之间，但超过 1.5 时有可能失效，达到 2 时有一定概率召唤出奇怪的画面。如需要降低权重，可使用中括号，中括号的降权值是乘以 0.9，但一般很少用到。中括号的进阶用法还包括分步或融合绘画，通常用于精细绘制。以提示词 a girl, a deer（女孩与鹿）为例，将 a deer 的权重从 0.5 调大到 2.0（最后补充了权重 0 和 2.5 的效果），比较不同权重对图像生成内容的影响。可以发现，当鹿的权重逐渐增大时，图像中鹿的呈现比

例会增加，甚至会影响到女孩本身，导致女孩出现鹿耳朵和鹿角。当鹿的权重调整到 2.5 时，图片失效；当鹿的权重为 0 时，鹿退化为其他动物，如图 4-10 所示。

图 4-10　改变元素权重将会影响元素的呈现比例

4.1.4　反向提示词

提示词分为正向提示词（Positive Prompt）和反向提示词（Negative Prompt），用来告诉 AI 我们想要生成什么样的图像和不想生成什么样的图像。反向提示词也称为负面提示词，在本书中二者通用。

除了直接描述我们拟生成图像特征的正向提示词外，SD 也接受反向提示词（Midjourney 也可启用反向提示词，详见本书第 5 章）。为了防止在生成图像中出现不希望的内容或不好的结果，可以将拟避免的内容或结果写入反向提示词，让 AI 生成的图像内容更加符合预期。

我们可以参考表 4-2 选择反向提示词。在本书 4.3 节中会介绍反向提示词扩展包 EasyNegative 等插件，其可自动、快速地优化反向提示词。

表 4-2　常用的反向提示词

英　文	中　文	英　文	中　文
mutated hands and fingers	变异的手和手指	poorly drawn hands	手部画得很差
deformed	畸形的	missing limb	缺少的肢体
bad anatomy	身体结构错误	floating limbs	漂浮的四肢
disfigured	毁容	disconnected limbs	肢体不连贯
poorly drawn face	脸部画得不好	malformed hands	畸形的手
mutated	变异的	out of focus	脱离焦点
extra limb	多余的肢体	long neck	长颈
ugly	丑陋	long body	身体长

续表

英　文	中　文	英　文	中　文
low quality	低质量	nsfw	限制级内容
worst quality	糟糕的质量		

以反向提示词 mutated hands and fingers,deformed, poorly drawn hands, malformed hands（变异的手和手指，畸形的，手部画得很差，畸形的手）为例，得到图 4-11。

（a）

（b）

图 4-11　添加反向提示词提升手部的绘图质量

（a）未加反向提示词；（b）添加了手部畸形反向提示词

4.1.5　其他

1. 提示词冲突或过少

如果提示词之间有冲突，SD 会根据其权重来随机选择执行哪个提示词，一般，权重越大或者越靠前，随机执行的概率就越高。

一般来说，图像越大需要的提示词描述就越多。因为图像越大，需要被引导填充的像素空间就越多，描述越详细或者任务越具体，AI 模型就会遵循指令去较好地填充像素空间。如果生成一幅 1500×1500 的超大图像，却仅用不到 5 个提示词，AI 模型得不到足够的指令，那么它只能基于少数提示词反复“创作”，提示词之间会相互污染，生成图像质量很低。

为了更形象地说明这个问题，我们以提示词 a girl, a dog, sand beech, sea 为例，生成不同尺寸的图像，如图 4-12 所示。

上面展示了从 128×128 到 1500×1500 的 5 种不同尺寸的图像（因为没有足够的精度展示图像而报错，所以没有尝试 1500×1500 以上尺寸的图像）。为了排版对齐，将 1024×1024 与 1500×1500 两种尺寸的图像缩放成同样大小。比较图像内容会发现几个有意思的地方：当图像过小时（128×128 与 256×256），女孩与小狗之间会相互污染，女孩会出现四条腿或毛茸茸的腿；1024 × 1024 尺寸的图像内容正常，细节丰富，成图质量最高；在 1500 × 1500 尺寸图像中，因为尺寸过大，提示词过少，AI 模型自由发挥，自动填充画面内容，出现 3 只狗和两个女孩。

图 4-12　当提示词过少时不同尺寸图像的效果

2. 连接词

我们可以借助连接词实现一些有趣的绘图技巧 [19]。下面以一个女孩为例，使用不同的连接词改变其头发颜色，来体验不同连接词的效果。

在图 4-13 中，使用 and 连接词：white hair and black hair，生成的头发颜色随机混乱。and 前后的初始权重默认一致，我们可以调整权重，(white hair:1.2) and (black hair:1.4)，调整权重后，黑色头发增加，且黑白分明，没有相互夹杂。使用 and 连接词：1girl,green and red hair，与 and 相比，颜色之间融合较多，你中有我，我中有你。

使用 "|" 可实现交替渲染。例如，(green|red|yellow) hair，按照顺序先生成绿色，再染上红色，最后染上黄色，颜色融合度较高，没有明显的区别。

图 4-14 展示了分别使用 "+" "," "_" 连接符与不用连接符的 4 种效果对比。可以发现，使用 "+" "," 连接符会使被连接的颜色的融合度更高，但没有明显的区别。不使用连接符的效果差别也不大。

white hair and black hair

(white hair:1.2) and (black hair:1.4)

1girl, green and red hair

(green|red|yellow) hair

图 4-13 连接词的作用对比

(green hair) + (red hair) + (yellow hair)

(green hair), (red hair), (yellow hair)

(green hair)_(red hair)_(yellow hair)

(green hair) (red hair) (yellow hair)

图 4-14 连接符的作用对比

3. 分步渲染

在“[]”方括号中使用“:”符号，可以实现较为复杂的分步渲染的需求。

[A:B:step] 表示渲染 A 元素到 step 进度后开始渲染 B 元素，实现 A 元素与 B 元素的叠加，可用于两个关键词的融合。其中：step 可以是小数也可以是整数，取小数时表示进度的百分比，如 0.4 表示 40% 的进度；取整数时表示总步数的第几步，如 12 表示总步数的第 12 步开始。

如图 4-15 所示：1girl,[yellow:black:8]hair。迭代步数设置为 20 步，即总共 20 步，从第 8 步（进度为 40%，0.4）开始渲染黑色。也可以这样写：1girl,[yellow: black:0.4]hair。从第 8 步停止渲染黄色头发，开始渲染黑色头发。

图 4-15　分步交替渲染示例 1

图 4-16 展示了不同进度下被渲染元素分别呈现的状态与程度。以提示词：an illustration of [roses:cloud:0.5] 为例，我们把进度从 0.5 开始逐渐降低至 0 时，生成云朵的进度不停提前，生成玫瑰的进度逐步压缩，玫瑰花慢慢呈现出云朵的特征，最终完全变为云朵。

图 4-16　分步交替渲染示例 2

[A:step] 表示从 step 开始渲染 A 元素。如图 4-17 所示：1girl,[red:10]hair, 表示从第 10 步开始渲染红色头发。如果不指定从第 10 步开始，则直接生成红色头发。

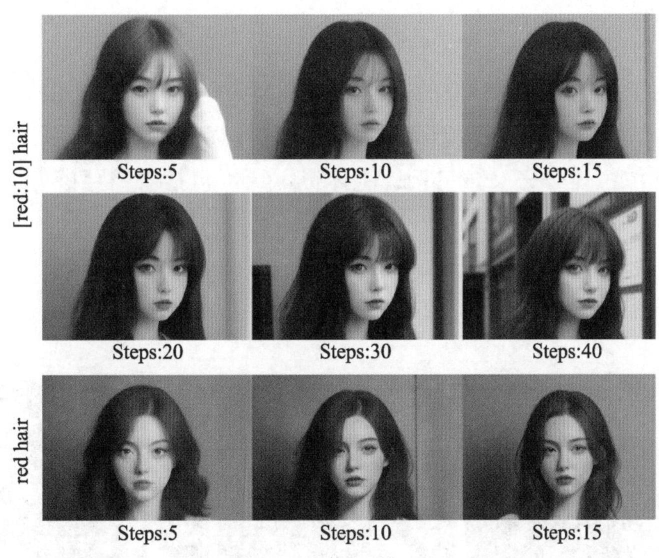

图 4-17　从第 10 步开始使用某提示词

4. 引用大模型

除了基础提示语外，LoRA 等模型需要使用提示语来引用，引用语法为：<LoRA: 模型文件名 : 权重 >。

下面以知名的 LoRA 模型墨心 MoXinV1 为例，提示词可以这样写：1girl,long hair, watching moon, <LoRA:MoXinV1:1>。

LoRA 权重默认为 1,可以根据需要调整权重。一般建议 LoRA 权重值参考下述取值规则：

- 当LoRA权重大于 1 时，微调元素过于强势会导致成图效果较差，一般最好小于 1。
- 当权重值设置在 0.8 左右时，能更多地体现该 LoRA 元素。
- 当权重值设置在 0.5 左右时，生成的图像会体现部分 LoRA 元素。
- 当权重值设置在 0.3 以下时，LoRA 元素过少，难以体现相应的风格。

4.2 5 大类型

前面简单介绍过提示词的 5 大类型。实际上，使用 5 大类型提示词，我们可以构建提示词万能公式：主体（人、动物）+ 场景（教室、乡村）+ 环境（光线、色彩）+ 其他（镜头、风格等）。

提示词用得好，可以显著提高绘图质量，更容易达到设定预期。鉴于提示词是 AI 绘画的基础，下面继续详细介绍 5 大提示词类型并给出参考表格 [18]，供大家词穷时选用。

4.2.1 图像主体

主体提示词用于描述图像中核心的人物或物体，除了指出拟生成图像中的对象主体（如女孩、小狗、椅子等）外，为使图像细节更丰满，还可以增加对应的形容词。

以最常见的图像主体——女孩为例，主体提示词可包括服饰穿搭、发型和发色、五官特点、面部表情、肢体动作等。

以提示词 A girl, delicate face, big eyes, long black hair, hoodie, smiling/sad/angry, holding her chest with both hands 进行展示，效果如图 4-18 所示。

图 4-18　女孩的 3 种表情

明确主体对象，是让 AI 理解绘画任务的关键，补充主体对象的相关形容词，可让 AI 生成的图像更加符合用户预期，减少“随机抽卡”，增加画图效率。

由于用户绘图需求千奇百怪，万物皆可为主体，所以下面仅针对 AI 绘画中最受欢迎的人物主体进行提示词总结，如表 4-3 所示，可供写提示词时作为参考。

表 4-3　人物提示词

人物类型			
英　文	中　文	英　文	中　文
male	男人	angel	天使
female	女人	monster	怪物
minigirl	迷你女孩	vampire	吸血鬼
milf	熟女	magical girl	魔法少女
shota	正太	multiple girls	多个少女
elf	精灵		

续表

人物类型			
英　文	中　文	英　文	中　文
witch	女巫	kemomimi mode	兽耳萝莉模式
waitress	女服务员	chibi	Q 版人物
cheerleader	啦啦队队长	devil	魔鬼 / 撒旦
ninja	忍者 / 日本武士	maid	女仆
nun	修女	loli	萝莉
mermaid	美人鱼	fairy	仙女
人物表情			
eyes closed	闭眼	angry	生气的
close one eye	闭一只眼	annoyed	苦恼的
slit pupils	竖的瞳孔 / 猫眼	crazy	疯狂的
heterochromia	异色瞳	shy	害羞的
heart-shaped pupils	爱心形瞳孔	embarrassed	尴尬的
eyelid pull	拉眼皮吐舌鬼脸	blush	脸红的
aqua eyes	水汪汪的眼睛	sleepy	困乏的
tears	眼泪	drunk	喝醉的
nosebleed	鼻血	frown	皱眉 / 蹙额
lips	嘴唇	expressionless	无表情的
wink/blinking	眨眼	pout	噘嘴
clenched teeth	咬牙	grin	露齿而笑
open mouth	张口	sad	悲伤的
sigh	叹气	stare	凝视
smile	微笑		
人物形态			
blunt bangs	齐刘海	short hair	短发
curly hair	卷发	animal ears	动物耳朵
drill hair	钻头卷 / 公主卷	fox ears	狐狸耳朵
hair bun	发髻	cat ears	猫耳
ponytail	马尾辫	collarbone	锁骨
short ponytail	短马尾	wings	翅膀
twintails	双马尾	chest	胸肌
messy hair	凌乱发型	facial hair	男性脸部胡须
braid	辫子	long hair	长发

续表

人物形态			
英　文	中　文	英　文	中　文
wavy hair	波浪发型	bunny ears	兔耳
double bun	双发髻	pointy ears	尖耳
twin braids	双辫子	side ponytail	侧马尾
人物动作			
thumbs up	翘大拇指	crossed legs	二郎腿
stretch	伸懒腰	fetal position	屈腿至胸
cat pose	猫爪手势	indian style	印度风
shushing	嘘手势	leg hug	抱腿
holding	拿着	curvy	魔鬼身材
waving	招手	spread arms	张开双臂
arms up	抬手	sweat	流汗
hand to mouth	手放在嘴边	leg lift	抬一只脚
hair pull	拉头发	princess carry	公主抱
curtsy	屈膝礼	fighting stance	战斗姿态
chin rest	手托着腮	looking back	向后看
arms behind back	手放在身后	lying	躺着
arms crossed	手交叉于胸前	squatting	蹲下
hand on hip	单手叉腰	seiza	正坐
hands on hips	双手叉腰	legs up	抬两只脚
knee socks	调整过膝袜	on stomach	俯卧
holding hands	牵手	sitting	坐着
人物服饰			
halo	头顶光环	necklace	项链
mini top hat	迷你礼帽	scarf	围巾
nurse cap	护士帽	necktie/tie	领带
crown	皇冠	armband	臂章
hairband	发卡	armlet	臂箍
hair ribbon	发带	cape	披肩 / 斗篷 / 披风
hair flower	头花	hairclip	发夹
hair ornament	头饰	hair bow	蝴蝶结发饰
bowtie	领结	choker	颈部饰品
maid headdress	女仆头饰	wedding dress	婚纱

续表

人物服饰			
英　文	中　文	英　文	中　文
ribbon	丝带	bodysuit	紧身衣
earrings	耳环	uniform	制服
jewelry	首饰	dress	连衣裙
collar	项圈	pleated skirt	百褶裙
sailor collar	水手领	miniskirt	迷你裙
ribbon choker	颈带	uwabaki	女式学生鞋
knee boots	马靴	boots	靴子

4.2.2 图像场景

此处的场景特指图像主体所在的场所或场景。场所一般是指在某座建筑里、某种景观里或某个交通工具里，如图 4-19 上排几张图像所示。场景一般指见名知意的情景，通常暗含场所，如图 4-19 下排几张图像所示。生活中的场所与场景非常多，这里仅列出常用的场所与场景，见表 4-4。

在图 4-19 中固定使用同一个女孩，使用不同的场景进行展示。可以发现，AI 能够很好地理解用户指定的场所和场景，使图像富有故事感，更加符合用户预期。

图 4-19 场景和场所

表 4-4 常用的场所与场景

英　文	中　文	英　文	中　文
classroom	教室	sports meeting	运动会
church	教堂	wedding	婚礼

续表

英　文	中　文	英　文	中　文
square	广场	gathering	聚会
countryside	乡村	picnic	野餐
city	城市	racing car	赛车
lakefront	湖边	commencement	毕业典礼
seaside	海边	class meeting	班会
hilltop	山顶	moot	辩论会
slum	贫民窟	evening party	晚会
villa	别墅	celebration	庆典
temple	寺庙	christmas day	圣诞节
skyscraper	摩天大楼	carnival	嘉年华
grassland	草原	the spring festival	春节
park	公园	marathon	马拉松
lawn	草坪	in class	课堂上
on the bus	公交车上	large conference	大型会议
on the subway	地铁上	round table conference	圆桌会议
in the shopping mall	商场里	musical evening	音乐晚会
school	学校	vocal concert	演唱会
on the road	马路上	beer festival	啤酒节
riverside	河边	parade	游行
swimming pool	游泳池	battlefield	战场
on the beach	沙滩上	fire drill	消防演习
in space	太空中	children's day	儿童节
in the desert	沙漠里	mid-autumn festival	中秋节
in the forest	森林里	funeral	葬礼
in the internet bar	网吧里	farm stay	农家乐
in the bar	酒吧里	run	跑步
cinema	电影院里	appointment	约会
on the ship	轮船上	fitness	健身
office	办公室	see a doctor	看医生
in the hospital	医院里	do homework	做作业
meeting room	会议室		

4.2.3　环境色彩

环境色彩既包括光照、天气、氛围、色彩、材料和纹理等信息，也包括表达情绪的环境气氛，如欢快的节日、悲伤的夜晚。在本书中，区别于主体、场景、风格和镜头的提示词都可以归入环境色彩，因而难以进行明确的归类说明。下面仅针对使用较多的色调、颜色和光线进行总结，如表 4-5 和表 4-6 所示，希望在读者写提示词时能予以启发。

表 4-5　色调与颜色

英　文	中　文	英　文	中　文
warm colors	暖色调	light pink	浅粉色
cool colors	冷色调	peach	桃红色
vibrant colors	鲜艳色彩	misty rose colored	浅玫瑰色
moody atmosphere	阴郁氛围	goldenrod	金菊色
monochrome	单色	lemon chiffon	柠檬雪纺色
contrasting hues	强对比色调	lime green	石灰绿
muted color	柔和色调	forest green	森林绿
greyscale	灰色	dark green	深绿色
gradient	渐变色	olive green	橄榄绿色
colorful	五彩缤纷	light blue	淡蓝色
pastel colors	柔和的色彩	sky blue	天蓝色
neon palette	霓虹色彩	khaki	卡其色
dark red	暗红色	beige	米色
light grey	浅灰色	wheat colored	小麦色
tan colored	黄褐色	linen	亚麻色

表 4-6　光线

英　文	中　文	英　文	中　文
side light/raking light	侧光	cold light	冷光
back light	背光	warm light	暖光
soft light	软光	color light	色光
hard light	硬光	cyberpunk light	赛博朋克光
night light	夜光	reflection light	反光
beautiful lighting	好看的灯光	mapping light	映射光
cinematic light	电影光	atmospheric lighting	气氛照明
volumetric light	立体光	fluorescent lighting	荧光照明
studio light	影棚光	crepuscular ray	黄昏射线

续表

英　文	中　文	英　文	中　文
natural light	自然光	split lighting	分体照明
edge light	边缘光	front lighting	前照灯
bright	明亮的	global illuminations	全局照明
top light	顶光	god rays	自上而下的光
rim light	轮廓光	glowing light	体积光
morning light	晨光	sparkle	闪耀效果
sun light	太阳光	blurry	模糊的
golden hour light	黄金时段光	colorful refraction	多彩的折射

下面以不同光线下的杯子为例，如图 4-20 所示，来看看环境色彩提示词对图像的影响。

图 4-20　不同色彩与光线下的杯子

4.2.4　图像风格

在 AI 绘画平台中，可以输入特定的提示词选择指定的画风。这些风格可以是现实主义、印象派、抽象派、流行文化和科幻等。

下面以同一个小女孩为例，采用不同的图像风格对画图效果进行对比，如图 4-21 所示。通过对比表明，AI 绘画能够清晰表达不同绘画风格的特点，使用风格提示词能够更加准确地传达用户的意图。

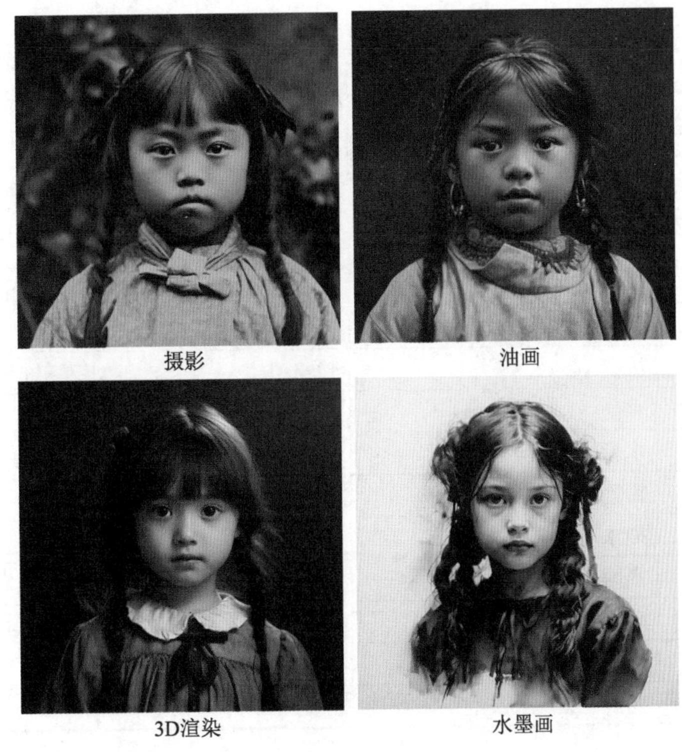

图 4-21 4 种风格的女孩

由于图像风格种类非常多，如果不是专业的艺术家，很难知道有哪些提示词可以表现画风。表 4-7 给出了常用画风的中英文对照提示词，供读者参考。

表 4-7 风格提示词一览表

英文	中文	英文	中文
realism	写实主义	comic	漫画
abstract	抽象主义	4koma	四格漫画
oil painting	油画	3koma	三格漫画
impressionism	印象派	2koma	双分镜漫画
cubism	立体主义	cover	封面
expressionism	表现主义	magazine cover	杂志封面
neoclassicism	新古典主义	manga cover	漫画封面
fauvism	野兽派	borderless panels	无边框漫画
rococo	洛可可	oekaki	简朴画作
romanticism	浪漫主义	kirigami	剪纸
minimalism	极简主义	papercraft	纸艺

续表

英　文	中　文	英　文	中　文
postmodernism	后现代主义	pastel color	粉彩
surrealism	超现实主义	illustration	插画
nationalism	民族主义	anime, comic	二次元
modernism	现代主义	sketch	草图
classicism	古典主义	cosplay	角色扮演
cursive script	草书	hand paint	手绘
splashed ink	泼墨	realistic	现实的 / 真实的
ink wash painting	水墨	retro artstyle	复古艺术
watercolor	水彩	marker	马克笔风格
graphite	铅笔画	acrylic paint	亚克力画风
abstract	抽象	ink	墨水
cyberpunk	赛博朋克	ballpoint pen	圆珠笔
nib pen （medium)	蘸水笔画风	oil painting	油画风格
faux figurine	仿手办风格	crayon	蜡笔
variations	变装、变化、变色、对比图		

4.2.5　图像设定

在本书中，图像设定一般包括图像质量、构图、角度和距离、镜头类型、观察视角、人物比例等。使用合适的图像设定提示词，可以更好地控制构图与视觉效果，让图像的视觉表现力更强。如表 4-8 为质量提示词一览表，供读者参考。

表 4-8　质量提示词一览表

英　文	中　文
hdr, uhd, 8k（hdr、uhd、4k、8k 和 64k）	各种高清质量限定词
best quality	最佳质量
masterpiece	杰作
highly detailed	画出更多的细节
studio lighting	演播室的灯光
ultra-fine painting	超精细绘画
sharp focus	聚焦清晰
physically-based rendering	基于物理渲染
extreme detail description	极其详细的刻画

续表

英　文	中　文
professional	专业的，加入该词可以大大改善图像的色彩对比效果和细节效果
vivid colors	给图像添加鲜艳的色彩，可以为图像增添活力
bokeh	虚化模糊了背景，突出了主体，像 iPhone 的人像模式
（eos r8, 50mm, f1.2, 8k, raw photo:1.2）	摄影师对相机设置的描述
high resolution scan	让照片具有老照片的样子，赋予年代感

下面展示了使用同样的提示词及添加不同画质的提示词时，女孩图像的成图效果，如图 4-22 所示。可以发现，相比于没有使用画质提示词的原图，AI 绘画模型能够根据画质提示词显著提高图像的质量。

图 4-22　图像质量提示词示例

人物摄影中的构图和物体位置关系，可以传递不同的镜头语言。通过表 4-9 中的提示词，可以控制图像中人物的摆位与景物的镜头的视觉效果。

表 4-9　摆位与镜头提示词一览表

英　文	中　文	英　文	中　文
looking at viewer	看向阅览者	full body	全身
facing viewer	面向观众	Portrait	半身像
looking back	回眸	upper body	上半身
looking at another	看向另一个人	cowboy shot	牛仔镜头（或美式镜头）
looking away	移开视线	Knee shot	膝盖以上
Profile	侧脸	solo focus	单人焦点
from side	角色侧面	blurry background	模糊的背景
looking to the side	看向侧面	close up	特写镜头
sideways glance	向侧面瞥	medium shot	中景
from below	低位视角	wide shot	广角镜头
from above	高位视角	panorama	全景

续表

英　文	中　文	英　文	中　文
looking down	俯视	extra long shot	超长镜头
looking up	仰视	looking afar	远眺
facing away	背对	lens 135mm, f1.8	聚焦人物镜头
from behind	背影	face shot	脸部特写
microscopic view	微观	selfiemirror	自拍镜

下面以提示词 little girl, green hanfu 进行展示，分别添加不同的提示词，形成如图 4-23 所示的对比图。可以发现，AI 可以很好地遵守镜头视角提示词，生成高质量的图像。如表 4-10 所示为特效与构图提示词一览表，供读者参考。

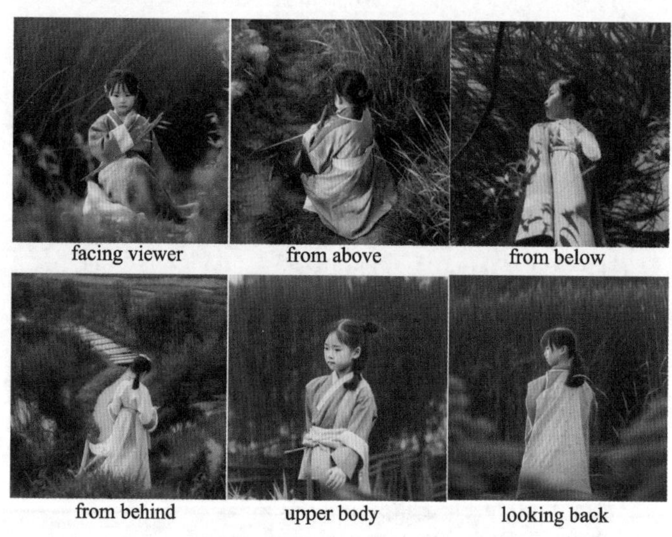

图 4-23　通过提示词改变人物视角

表 4-10　特效与构图提示词一览表

英　文	中　文	英　文	中　文
blurry	模糊的	film grain	电影质感
sparkle	闪耀效果	cinematic lighting	电影光效
depth of field	景深	ray tracing	光线追踪
lens flare	镜头光晕	reflection light	反射光
vignetting	晕影	partially underwater shot	部分水下拍摄
backlighting	逆光	negative space	大量留白
motion blur	动态模糊	symmetry	对称
bokeh	背景虚化	caustics	焦散

4.3 辅助工具

如果超过10个词组，写提示词的过程将不会那么愉快。为了写提示词，笔者经常在计算机前久坐，绞尽脑汁，直到大脑一片空白。我们经常能想象出画面却不知道用什么词去描述。幸好，热心的社区开发者分享了很多技巧与辅助工具，让写提示词变得既方便又快捷。

对于习惯使用中文的用户，可以借助插件，直接将中文提示词翻译为英文提示词。对于不知道如何写好提示词的用户，可以使用ChatGPT等大模型来生成或使用Emoji表情包，复制喜欢的图像的提示词，还可以使用SD-webUI提示词插件和提示词辅助网站等方式生成提示词。

4.3.1　使用GPT生成

ChatGPT及相关GPT大模型具有强大的文本创作能力，经验表明，使用GPT大模型可以效地辅助提示词的写作。在2023年8月31日，百度全面开放了文心一言，国内用户可以直接免费使用。下面以文心一言为例，展示使用GPT写提示词的具体流程及其使用效果。

（1）让GPT大模型明确自己的任务是：为SD绘画写提示词。

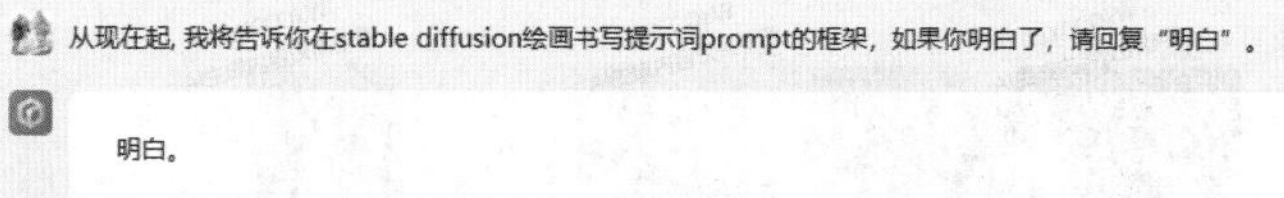

（2）让GPT大模型完整且清晰地理解用户期待的提示词框架及相关细节，然后需要确认GPT大模型是否“明白”。

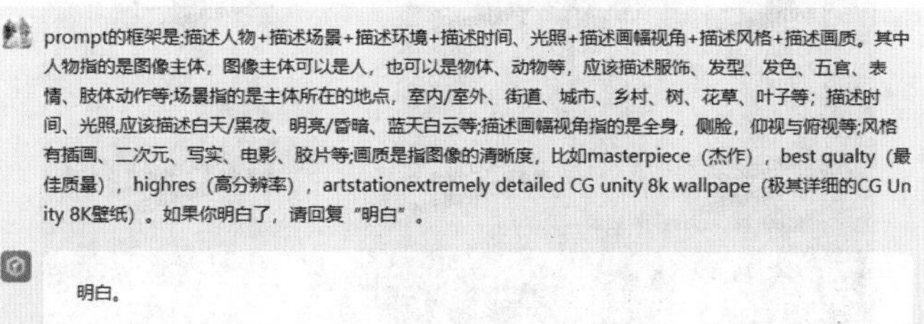

（3）继续明确提示词的书写规则，并确认大模型已经明白。

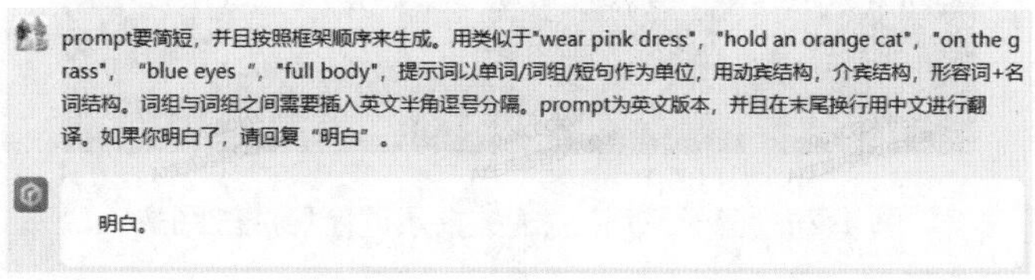

（4）给出提示词示例，继续引导大模型。

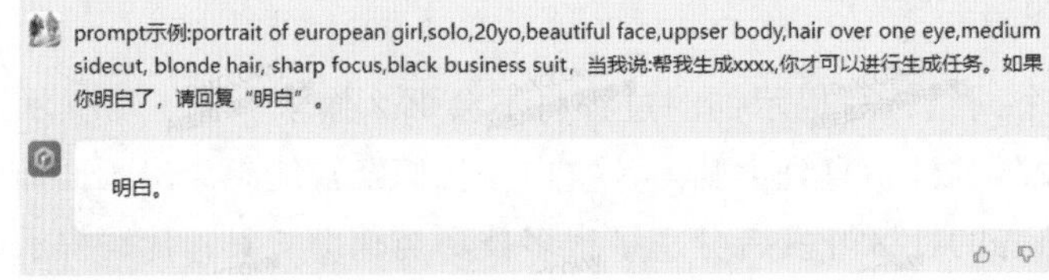

（5）使用上面调教好的 GPT 大模型生成提示词。

（6）复制 GPT 大模型生成的提示词，在 AI 绘画工具中粘贴即可生成图片。用上述提示词，在 Midjourney 中生成的图片如图 4-24 所示。

图 4-24　基于 GPT 生成的提示词所形成的图像

如果觉得 GPT 生成的提示词不能满足需求，可以根据需要再进行删改。也可以多尝试几次，生成满意的提示词。

GPT（ChatGPT、文心一言、ChatGLM 等）与三大模型（DALL-E3、SD、Midjourney）组合，可以灵活多变地书写提示词，在实际工作中善加利用，可大幅提高绘图效率。为了让使用 GPT 生成提示词的过程更简单，我们将提示词框架进行整合并提供下载服务，读者下载后复制，在 GPT 中粘贴，然后只需要输入一句话来交代绘画意图，即可生成绘画提示词。

4.3.2 使用 Emoji 表情包

SD-webUI 与 Midjourney 均支持使用 Emoji 表情作为提示词，并且表现力比词汇更好。使用时，直接在提示词中添加 Emoji 图即可。

如果我们想画一个微笑的女孩，想用一个笑脸表情作为提示词，可以用下面两种方式获得笑脸。在 Midjourney 中，通过单击命令行右侧的笑脸，也可以获得 Emoji 与 Sticker（贴纸），然后单击即可将图片表情加入提示词中。当然，也可以使用 QQ 表情与搜狗输入法搜索图片表情。

1. 从 OpenMoji 中获取 Emoji

在 OpenMoji（网址为 https://openmoji.org/）官网首页向下找到 Explore 按钮并单击，然后单击选择的表情包，如图 4-25 所示。

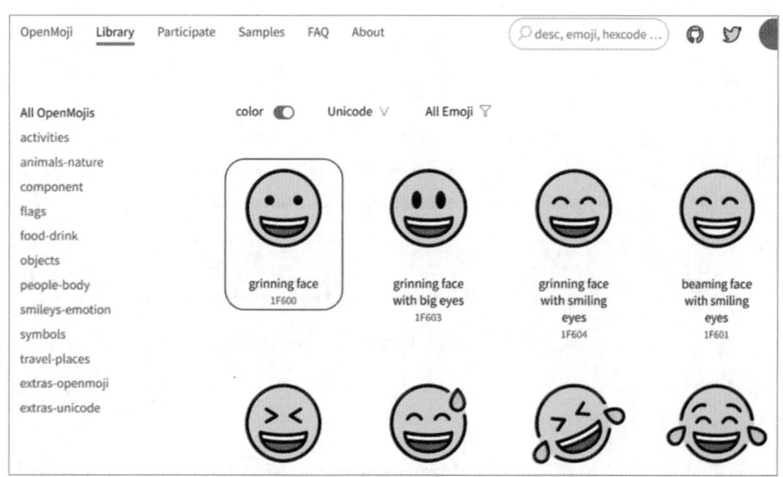

图 4-25 从 OpenMoji 中获取 Emoji

在表情详细介绍页面，单击 Copy 按钮进行复制，然后直接粘贴到提示词中，如图 4-26 所示。

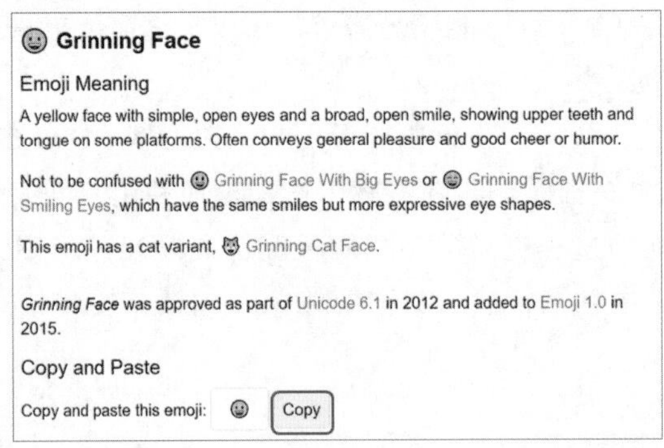

图 4-26　单击红框内的 Copy 按钮

2. 从 Unicode 中复制 Emoji

进入 Unicode（网址为 https://unicode.org/emoji/charts/emoji-list.html），复制😀并粘贴在提示词中，直接把其当作提示词来使用，如图 4-27 所示。

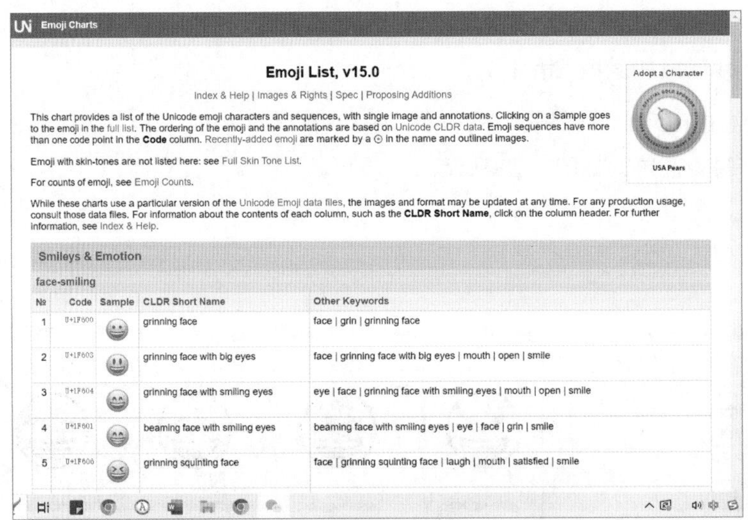

图 4-27　从 Unicode 中获取表情

3. 使用 Emoji 及其效果

利用上面任一种方式获得的 Emoji，可以直接当成提示词使用。为了让 Emoji 表情效果更好，建议增加其权重，如 1gril,long hair,（😀:1.5）。

生成图像如图 4-28 所示，可以看到，图中女孩的微笑十分灿烂。说明 SD v1.5 绘画大模型能够理解“😀”的意义，并且很好地展现了 Emoji 的效果。

除了面部 Emoji，还有手势、姿势、情景、动物等各种 Emoji，它们都可以作为提示词，让生成的图像更加符合预期，如图 4-29 所示。

图 4-28　Emoji 表情效果展示

图 4-29　更多 Emoji 效果展示

如果在实际使用中遇到某个 Emoji 实际测试效果很差，一般是 AI 大模型无法理解该 Emoji，这种情况下，建议使用其他方式生成图像。

4.3.3　从 Civitai 中复制

Civitai（网址为 https://Civitai.com/）展示了全世界网友们分享的高质量图片，以及生成图片使用的模型、参数及提示词。可以通过搜索来查找指定内容或风格的图片，也可以通过过滤器筛选对应模型类别的图片。2023 年 5 月之后，可能无法直接进入 C 站，可使用国内网站 LiblibAI(网址为 https://www.liblibai.com/，详见本书 3.4.3 小节)来代替。如图 4-30 所示为 Civitai 的界面。

筛选图片后，选择喜欢的图片（以图 4-30 左 1 所示的女孩为例），或者选择构图、风格和创意符合创作需求的图片单击，弹出如图 4-31 所示的界面。

图 4-30　Civitai 界面

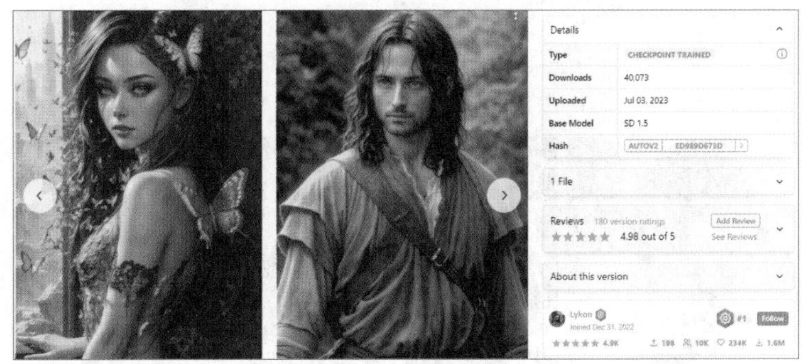

图 4-31　图片界面

继续单击图 4-30 左 1 中的女孩，在右侧用户点评下面的提示词区域可复制提示词，如图 4-32 所示。

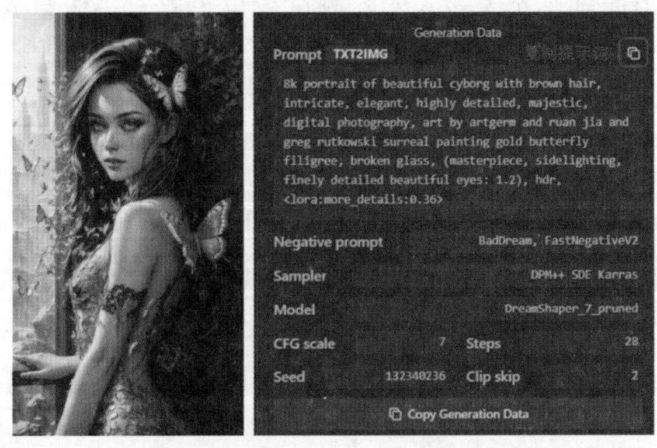

图 4-32　复制提示词

4.3.4　使用 SD-webUI 插件

SD-webUI 是运行 SD 各类大模型的主流 UI。基于 SD-webUI 可以充分利用 SD 开源社区生态的大量微调模型与功能插件。关于 SD-webUI 的详细介绍请参考本书 3.1.1 小节及第 6 章，这里仅介绍提示词相关插件的安装及使用。

1．提示词助手：Prompt-all-in-one

Prompt-all-in-one 插件具有自动中文转英文、一键转英文、点选提示词、快速修改权重、收藏常用提示词等功能。在 SD-webUI 中安装该插件，可有效提高写提示词的效率，对英语不熟练的用户非常友好。如果觉得 Prompt-all-in-one 的功能太多，操作复杂，这里推荐另一款简洁且可自定义词库、通过点选填入提示词的优秀插件—— oldsix-prompt（网址为 https://Github.com/thisjam/sd-webui-oldsix-prompt.git）。

1）安装

Prompt-all-in-one 可在 SD-webUI 中直接安装。首先在 SD-webUI 界面中单击扩展按钮，如图 4-33 所示，然后选择“从网址安装”，扩展的 Git 仓库网址为 https://Github.com/Physton/sd-webUI-prompt-all-in-one.git。安装成功后需要重启 SD-webUI，之后便可使用该插件。

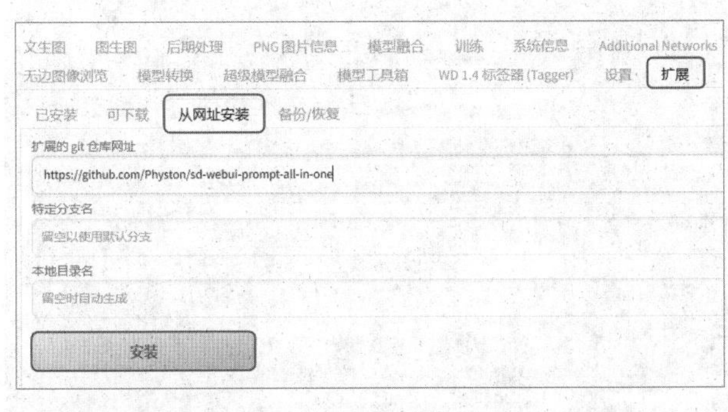

图 4-33　安装界面

2）功能介绍

下面介绍 Prompt-all-in-one 插件的使用技巧。该插件安装成功后，在书写提示词的下方将出现一排小图标，如图 4-34 所示。

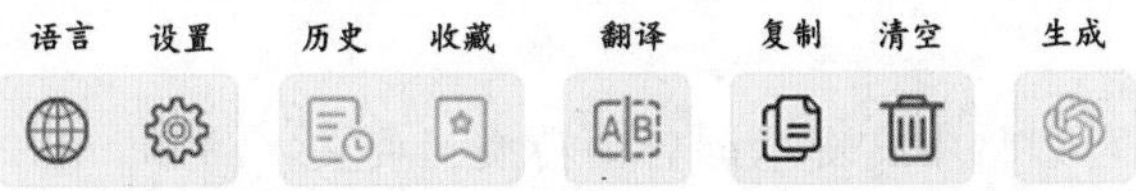

图 4-34　Prompt-all-in-one 插件的功能图表

从左至右，各图标的用法如下：

- 语言：默认为简体中文，可设置为其他语言。
- 设置：点开后，单击第一个云朵图标就可以设置翻译接口。
- 历史：记录了之前使用过的提示词，可以回看、收藏和删除。
- 收藏：可以把常用的提示词保存在这里，方便直接调用。
- 翻译：单击一次标记标签，再单击一次翻译所有关键词。
- 复制：复制提示词。
- 清空：清空所有的提示词。
- 生成：使用 ChatGPT 生成提示词。

3）翻译接口及其使用

在“设置”中选择并测试翻译接口。Prompt-all-in-one 插件提供了非常多的免费接口，如图 4-35 所示，包括百度、有道、彩云翻译等，选择完毕后单击下方的“测试”按钮，检查刚刚选择的接口能否正常使用。如果测试成功，就会显示出文本翻译结果；如果测试失败，可更改翻译接口。测试成功后，可以根据自己的需求勾选 TagComplete（使用自定义的翻译参照表格，增强翻译），然后单击“保存”按钮即可。

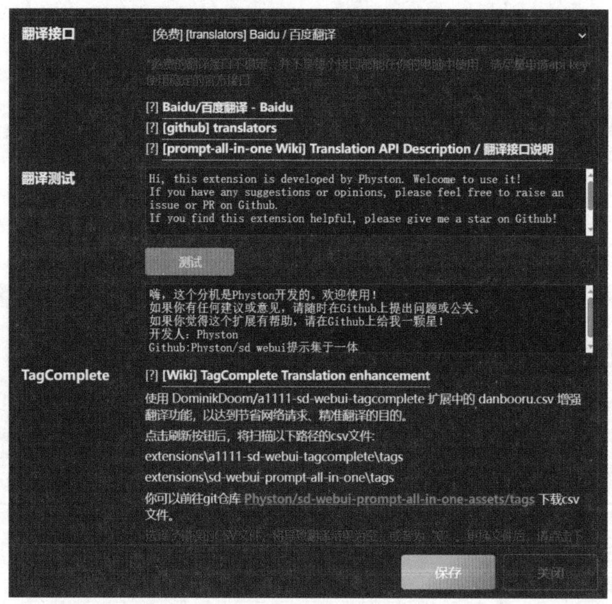

图 4-35　翻译接口与测试

使用翻译接口，可以将中文提示词自动转换为英文。例如，在 Prompt-all-in-one 插件提示框中输入一个关键词女孩，按 Enter 键发送，在“提示词”文本框中填入对应的英文 girl。重复该过程，可以输入多个提示词，如图 4-36 所示。也可以单击“人物”“服饰”“环境”等标签，然后在对应展开的提示词列表中点选提示词。

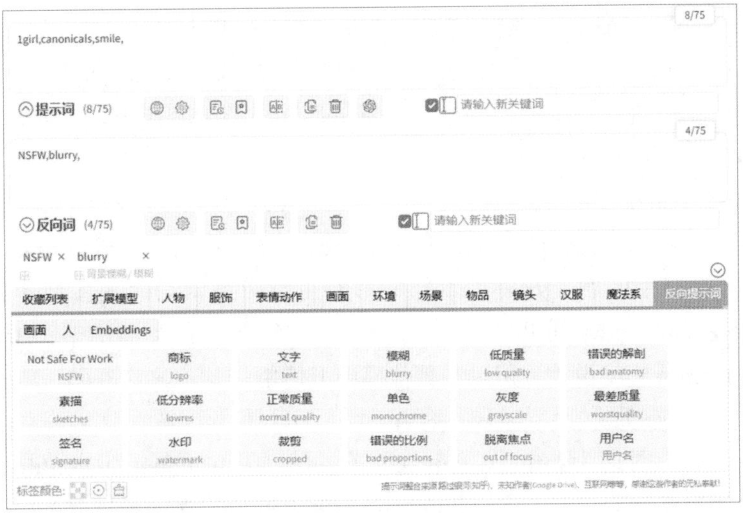

图 4-36 输入提示词

单击按钮，所有提示词将以标签的方式排列出来，如图 4-37 所示，我们可以对标签进行如下操作：

（1）使用鼠标直接拖动标签，更改提示词的顺序。

（2）单击()+与()-按钮可以增减提示词权重。

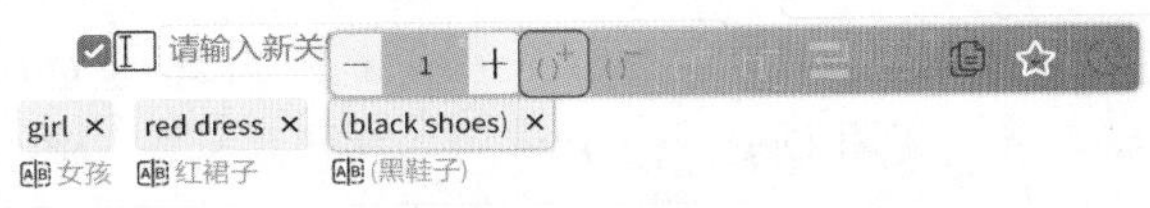

图 4-37 设置提示词

2. 负面提示词：使用三大嵌入模型

在 SD 中，使用嵌入模型可以把负面提示词归集到一个文件里，从而实现负面提示词的打包。我们在 SD-webUI 中安装这些嵌入模型后，使用时直接调用，可以让系统自动输入常用的负面提示词。

1）EasyNegative 简介

EasyNegative 是颇受欢迎的综合反向提示词扩展包，可以快速优化反向提示词。在 SD-webUI 菜单栏中单击扩展按钮，从网址安装，在扩展的 Git 仓库网址输入链接 https://Civitai.com/models/7808/easynegative.git，或者直接从 Civitai 中下载，解压后存放在 SD 根目录下的 embeddings 文件夹中并重启，即可在 SD-webUI 中使用。

使用时，单击安装好的 EasyNegative 嵌入模型，该扩展包就会自动加入负面提示词中；或者在负面提示词文本框中输入 EasyNegative，即可获得与手动填写负面提示词相同的效果。

其他嵌入模型采用同样的安装与使用方式，此处不再赘述。

EasyNegative 开发者提示：EasyNegative 是基于主打的即生成高质量二次元、人物、风景的 Counterfeit 模型进行训练的，一般与 Counterfeit 模型配套使用。也可以基于其他基础模型进行使用，但效果不明。

2）Badhandv4 简介

Badhandv4（网址为 https://Civitai.com/models/16993/badhandv4-animeillustdiffusion）针对 AI 不会画手这个问题，开发了手部畸形专用负面提示词嵌入模型。在对画风影响较小的前提下，Badhandv4 可以改善 AI 生成的人物图像的手部细节。Badhandv4 专为 AnimeIllust Diffusion 模型设计，但也在其他模型上使用。

3）Deep Negative 简介

Deep Negative（网址为 https://Civitai.com/models/4629?modelVersionId=5637）能用于多种模型，包括写实类的模型。它可以在一定程度上避免错误的构图和配色，包括违背常识的人体结构、不符合常规审美的配色方案、颠倒的空间结构等，简而言之，使用 Deep Negative 可以让图像变得更加合理。

Deep Negative 是通用型负面提示词嵌入模型，除了人物外，也适用于汽车、风景、建筑和动物等对象，作者提供了多达 6 个版本供使用者挑选。

4）使用效果

如图 4-38 展示了使用上面 3 种嵌入模型和未使用嵌入模型的效果对比。使用 EasyNegative 自动添加反向提示词后，与未添加反向提示词相比，画面背景更丰富，人物的眼睛、姿势更自然，同时避免了血腥等 NSFW 场景。使用 Badhandv4 后，动漫女孩手部过多的问题得到了明显改善。使用 DeepNegative 后，女孩手部的构图更加正常。

3. 反推提示词：DeepBooru

如果碰到喜欢的 AI 图像，想在其基础上进行重新创作，如何获得其提示词及模型信息呢？

AI 生成的图像会自动保存全部参数，在 SD-webUI 的"图片信息"一栏内通过解析原图可以查看相关的参数。

对于非 AI 生成的图像或经过压缩的图像，可以通过 DeepBooru 或 Tagger 来尝试反推 Tag（提示词），如图 4-39 所示。DeepdanBooru 与 Tagger 在秋叶新版 SD-webUI 整合包中已经内置好。如果在 SD-webUI 中没有找到该功能，可以在扩展中下载安装。

反推提示词相当于基于图像生成精准描述，如图 4-40 所示。例如，当我们想生成特定的人物却不知道怎么描述时，将人物图像输入 DeepBooru 或 Tagger 中，用 AI 反推出此人物的提示词，再用该提示词生成图像，就可以生成与该人物特点相似的人像了。

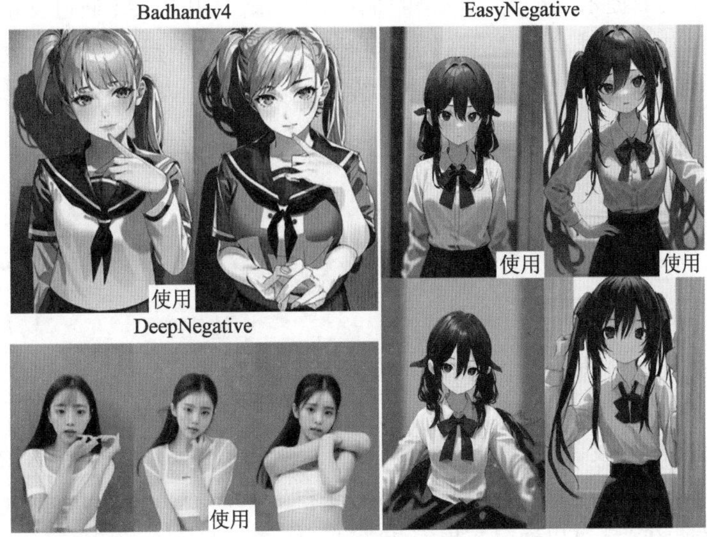

图 4-38　使用效果对比

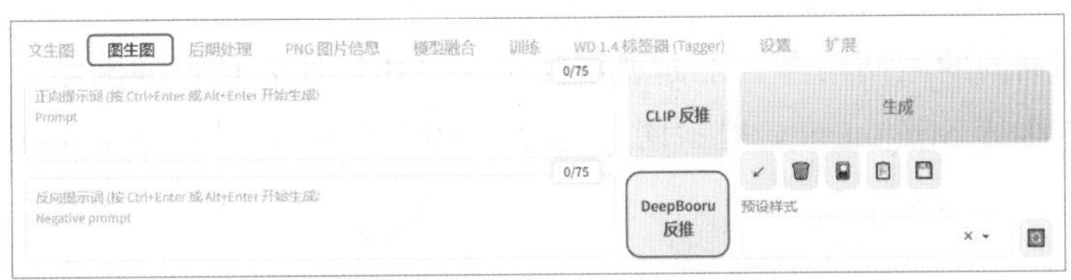

图 4-39　反推提示词界面

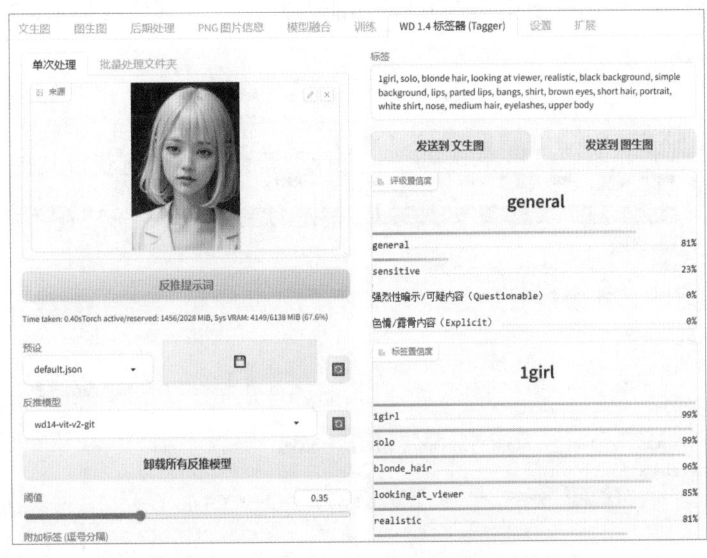

图 4-40　反推提示词结果展示

如图 4-41 为反推提示词的界面。当我们上传一张图像时，AI 通过反推提示词生成该图像的提示词内容（见图 4-40 右下部），同时还提供了每个提示词影响该图像的程度数值。获得反推的提示词后，可以直接单击“发送到文生图”或“发送到图生图”按钮生成图像。

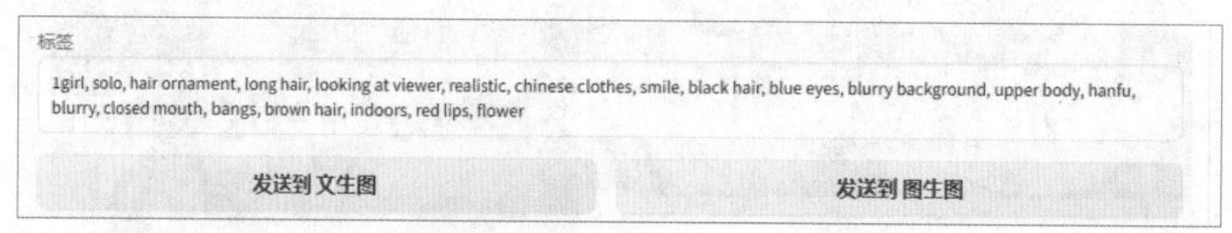

图 4-41　反推提示词界面

随着越来越多的开发者涌入 SD-webUI 社区，新的图生文（基于图像生成文字，相当于反推提示词）插件越来越多，除了 DeepBooru 和 Tagger，Clip Interrogator 图生文的功能也很强大，感兴趣的读者可以通过扩展安装尝试。

4.3.5　提示词网站

提供提示词辅助的网站很多，下面展示几个经试用后体验较好的网站。需要注意的是，虽然部分网站以生成 Midjourney 提示词为目标，但除版本信息外，Midjourney 提示词一般可以用于 Stable Diffusion。

1. 推荐网站

https://tag.redsex.cc/ 网站可以根据分类选择需要的提示词，如图 4-42 所示，然后复制选择好的提示词到 SD 中即可使用。该网站的功能强大，可一站式完成提示词选择、更改权重、反向提示词等设置。

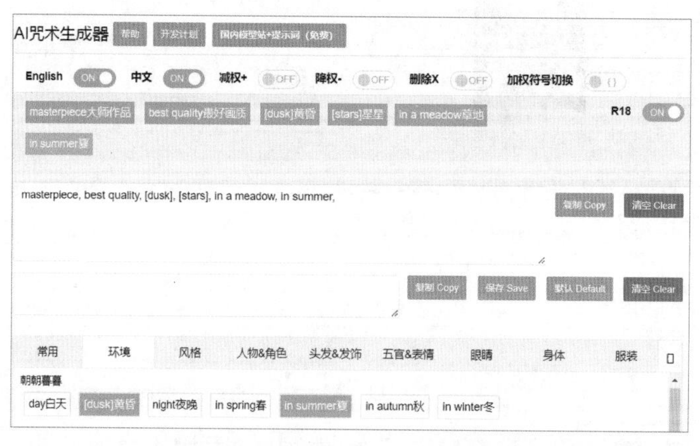

图 4-42　tag.redsex.cc（仅展示部分页面）

http://ai.wayhu.cc/ 网站可以通过单击需要的元素来组合该网站提供的绘图要素，进而生成提示词，如图 4-43 所示。

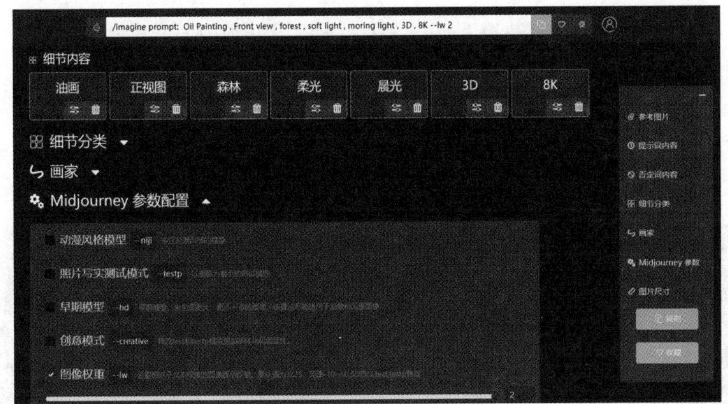

图 4-43　ai.wayhu.cc（仅展示部分页面）

相关网站较多，形式与功能较为相似，下面给出笔者试用后觉得相对优秀的 3 个提示词网站，读者可以尝试一下。

- https://promptomania.com/prompt-builder。
- https://mjprompt.co/。
- https://moonvy.com/apps/ops/。

2. 其他有趣的网站

1）辅助提示词写作

AI 绘画辅助提示词写作的网站较多，限于篇幅，上面仅介绍了效果较好、使用量较大的网站。下面给出其他网站的链接，供有兴趣的读者探索。

- https://www.prompttool.com/Midjourney。
- https://prompts.aituts.com/。
- https://prompthero.com/。
- https://lib.kalos.art/。
- https://lexica.art/。
- https://arthub.ai/。
- https://prompthero.com/。

2）图像库

此处提供两个优质的 AI 绘画图像库，可以查看和学习他人的作品。

- https://www.midlibrary.io/。
- https://www.prompthunt.com/。

3）风格库

在实际绘画过程中，面对千奇百怪、数不胜数的各种风格，我们经常无从下手。下面提供了 3 个风格库，对比图像的不同风格，从而帮助理解各类艺术风格的效果。

- https://atlassc.net/2023/03/24/stable-diffusion-prompt（见图 4-44）。
- https://marigoldguide.notion.site/marigoldguide/52ac9968a8da4003a825039022561a30?v=057d3669790c4dc28bd8d3ddf35e3a37。
- https://www.jrnylist.com/。

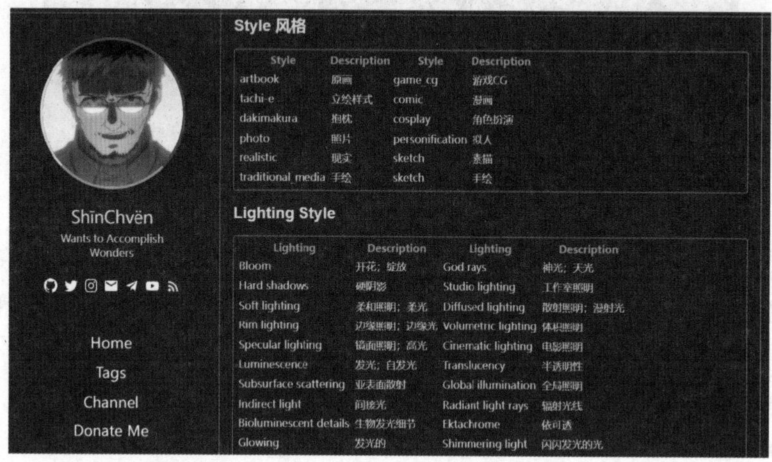

Style	Description	Style	Description
artbook	原画	game_cg	游戏CG
tachi-e	立绘样式	comic	漫画
dakimakura	抱枕	cosplay	角色扮演
photo	照片	personification	拟人
realistic	现实	sketch	素描
traditional_media	手绘	sketch	手绘

Lighting Style

Lighting	Description	Lighting	Description
Bloom	开花；绽放	God rays	神光；天光
Hard shadows	硬阴影	Studio lighting	工作室照明
Soft lighting	柔和照明；柔光	Diffused lighting	散射照明；漫射光
Rim lighting	边缘照明；边缘光	Volumetric lighting	体积照明
Specular lighting	镜面照明；高光	Cinematic lighting	电影照明
Luminescence	发光；自发光	Translucency	半透明性
Subsurface scattering	亚表面散射	Global illumination	全局照明
Indirect light	间接光	Radiant light rays	辐射光线
Bioluminescent details	生物发光细节	Ektachrome	依可透
Glowing	发光的	Shimmering light	闪闪发光的光

图 4-44　风格参考库

4）优秀提示词交易网站

还有一个优秀提示词交易网站，网址为 https://promptbase.com/。

第 5 章 Midjourney 快速上手

Midjourney 是帮助用户将文本输出为图像的一款应用程序，类似于 Open AI 的 DALL-E2 和 SD 的 Dream Studio，训练约 6.5 亿张图像作为文本提示，生成高质量图像。Midjourney 依赖 Discord 频道运行，在频道中使用 /image 命令并输入生成图像的提示词即可得到与提示词匹配的图像。

5.1 注册和使用

目前，Midjourney 搭载在 Discord 服务器上，用户需要在 Discord 中使用。注册并使用 Midjourney 需要执行以下 5 个步骤。

（1）注册 Discord 账号。

（2）进入 Discord 创建 Discord 服务器。

（3）添加 MidjourneyBot。

（4）使用 /subscribe 订阅。

（5）使用 /imagine prompt 进行绘画。

下面从 Discord 账号注册、Midjourney 订阅与使用两个方面，对上述 5 个步骤进行详细介绍。在注册使用过程中可能会出现国内无法访问的情况。

需要注意的是，截至 2023 年 12 月，Midjourney 仍在开发手机端 App 并自建绘画平台。如果本书出版时 Midjourney 已经上线了 App 或自建平台，并且用户更愿意使用官方平台，可忽略下述 Discord 注册的相关内容。

5.1.1 注册 Discord

Discord 是一款适用于游戏玩家一体化语音和文字聊天的即时通信软件，官方网址为

https://discord.com/login，单击 https://discord.com/register 网址，直接跳转到注册页面。除网页注册外，也可以下载 Discord App，在 App 中注册。

注册页如图 5-1 所示。依次填写电子邮箱、用户名和密码，可随意选择出生日期，但需要注意以下几点：

（1）尽量使用 Gmail 等国外域名邮箱。

（2）年龄不能低于 18 岁，否则提交后会因年龄过低被驳回，后期此邮箱也无法注册。

（3）勾选协议。

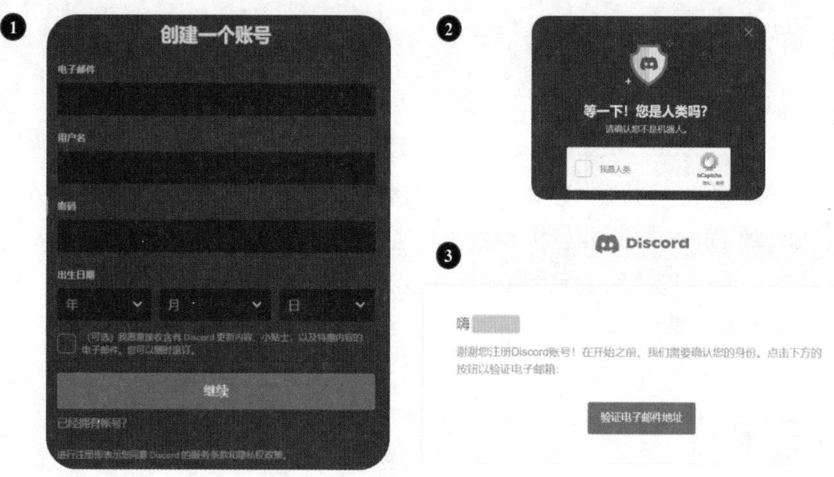

图 5-1　Discord 注册

单击“继续”按钮提交注册信息后，Discord 会向用户的邮箱发送一封官方验证邮件。如果长时间未收到验证邮件，请注意是否已被当作垃圾邮件处理了。

如果在注册过程中出现其他需要验证的情况，可重启 Discord，此时会显示手机号验证的界面。如果是国内手机号，将国际区号更换为“+86”。

在注册和登录等过程中，会遇到多次“我是人类”的验证，如图 5-1 所示，按照提示选择图片进行验证即可。

完成邮箱验证和手机验证后，Discord 账号注册成功，即可登录 Discord。

5.1.2　订阅与使用 Midjourney

1. 登录 Discord 并创建服务器

在 Discord 界面的左上角，单击图 5-2 中的绿色 + 号图标添加服务器，然后根据弹窗提示，依次单击“亲自创建” | “仅供我和我的朋友使用”，再单击“创建”按钮（服务器名称可自行设定），即可创建自己的服务器，如图 5-2 所示。

图 5-2　4 步创建服务器

2. 将 Midjourney Bot 添加至服务器

在 Discord 界面左上角，单击图 5-3 中的绿色指南针图标搜索可发现的服务器，然后在新页面的搜索框中输入 Midjourney，或直接单击特色社区下的 Midjourney，即可添加 Midjourney 服务器。

Midjourney 服务器添加成功后，在 Discord 界面左上角会出现 Midjourney 帆船图标。单击该帆船图标，进入 Midjourney 服务器，在右侧可以找到 Midjourney Bot，单击 Midjourney Bot 后，依次单击“添加至服务器”和“继续”按钮，将 Midjourney Bot 添加至自己的服务器中，如图 5-3 所示。

图 5-3　7 步添加 Midjourney Bot

返回自建服务器，查看对话框，会出现 Midjourney Bot，即添加成功。

3. 订阅 Midjourney AI 绘画服务

（1）进入已添加 Midjourney Bot 的服务器中，在中间底部对话框中输入 /subscribe，按

Enter 键。

（2）单击方框箭头按钮，跳转至官网订阅界面，如图 5-4 所示。

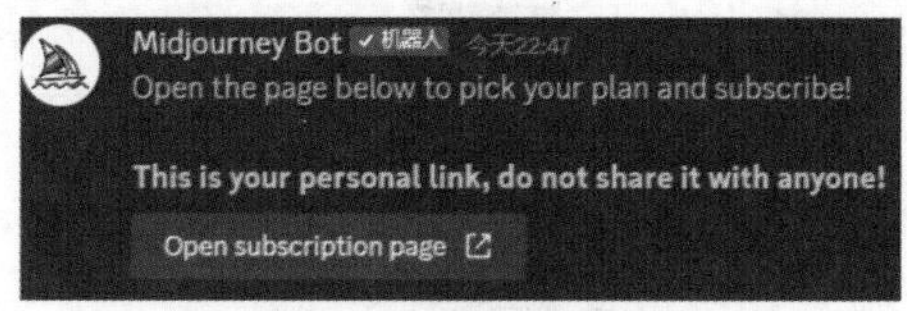

图 5-4 官网订阅界面

可以根据个人需求选择按年或按月付费，如图 5-5 所示。如果选择按月付费，选择 Monthly Billing 即可。在按月付费中，新手可以选择 10 美元套餐试水，后续可升级至 30 美元的套餐。

Midjourney 官方对不同套餐在以下方面进行了限制：

■ 两种模式：Relax 出图较慢，Fast 出图较快，在命令行中输入 /relax 与 /fast 可进行模式切换。

■ 出图数量：基础套餐限制出图数量≤ 200 张 / 月，其他套餐不限制。

■ Fast 时长：基础套餐无时长，标准套餐 15 小时 / 月，专业套餐 30 小时 / 月。

根据经验，建议直接选择 30 美元的标准套餐（在 Relax 模式下，可无限出图，同时拥有 15 小时的 Fast 模式权限）。

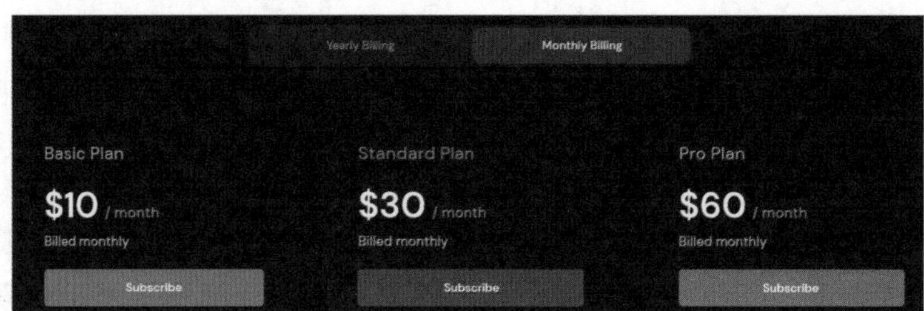

图 5-5 3 种按月付费套餐形式

选择好套餐后，单击 Subscribe 按钮，会进入支付界面，如图 5-6 所示。

图 5-6 套餐支付（需开通外币支付的信用卡）

4. 开始绘图

在对话框中输入 /imagine，选择弹出的指令，在 prompt 后面输入构思的关键词，如图 5-7 所示，按 Enter 键发送，即可生成图像，如图 5-8 所示。

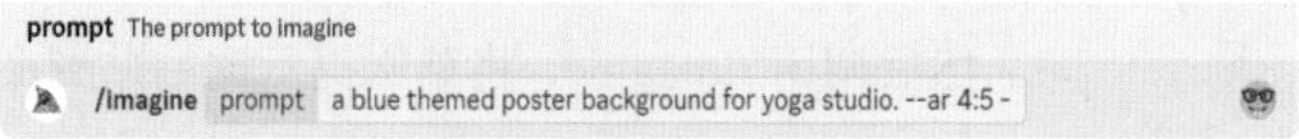

prompt The prompt to imagine
/imagine prompt a blue themed poster background for yoga studio. --ar 4:5 -

图 5-7　输入提示词

Midjourney Bot ✓ BOT Today at 12:32 PM
a blue themed poster background for yoga studio. --ar 4:5 -
U1
U2
U3
U4
V1
V2
V3
V4

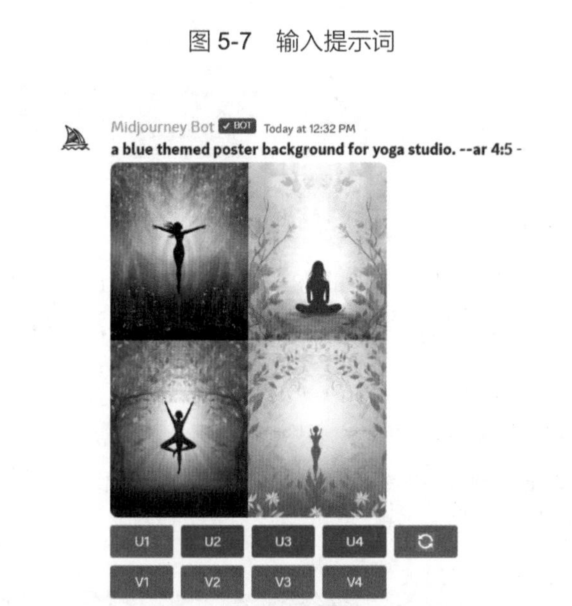

图 5-8　根据提示词生成的图像（Midjourney 公共频道）

5.2 文生图

文生图也叫文字生成图片，是一种新颖的交互方式。只要用户输入一段文字描述，AI 就可以把用户脑海中想象的画面呈现出来。使用 Midjourney 实现文生图非常方便，用户通过 /imagine 命令，输入简单的提示词文本来描述想要创建的场景或物体，Midjourney 随即生成 4 张包含该场景或物体的图片供用户选择。

下面通过文生图来创作一幅风景画，体验一下画图过程。

1. 构思图像内容

一般情况下，我们构思时会考虑主体、场景、环境色彩、风格、镜头设定（更多细节详见本书第 4 章）五方面的内容。

我们以“岩石上生机勃勃的加利福尼亚菊花，阳光灿烂，现实风格，非常聚焦”提示词为例进行演示。

2. 写提示词

将上述中文提示词翻译为英文：vibrant California chrysanthemum on rock, very bright sunshine, Realism, sharp focus，然后调用 /imagine，将英文提示词粘贴到命令行中，如图 5-9 所示。

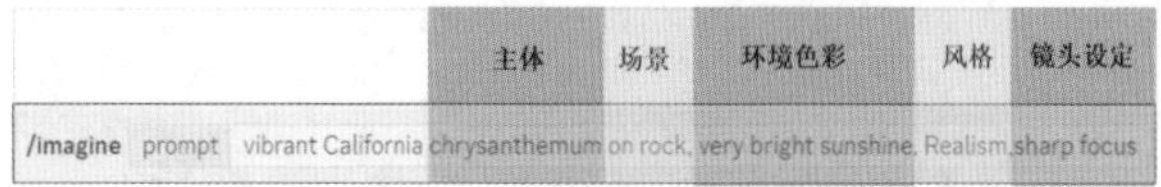

图 5-9 提示词示范

也可以采用类似于本书 4.3.4 小节中的方式，挑选一张自己喜欢的图像，利用 /describe 命令反推提示词，然后在得到的反推提示词的基础上进行修改，再将其粘贴到 /imagine 后面。

3. 生成并控制图像

Midjourney 默认一次生成 4 张图像，如图 5-10 所示。单击其中任意一张图像，可以看到更加清晰的全尺寸图像。单击鼠标右键，可以在快捷菜单中选择复制图像、保存图像、复制链接或在浏览器中打开链接。

图 5-10 阳光下石头上的菊花

根据提示词，Midjourney 实现文生图的操作非常简便。需要说明的是，即使同一个人使用同样的提示词让 Midjourney 反复成图，Midjourney 每次都会生成不同的图像，我们无须强求。

为了实现更多控制，下面对图 5-11 中的各个图标按钮介绍一下。

图 5-11　底部按钮说明

单击 U1、U2、U3、U4 按钮，可以放大对应的图像（如图 5-11 中所示，单击 U4 按钮可放大 4 号图），生成所选图像的高清版本并添加更多的详细信息。

单击 V1、V2、V3、V4 按钮，可以根据对应图像的构图方式重新生成（如单击 V4 按钮，可以保留 4 号图构图，重绘 4 号图）。

单击按钮将重新运行原始的提示词，生成新的图像。

5.3 图生图

在 Midjourney 图生图的过程中，新图会参考底图中的所有因素，再在其构图、色彩和背景等基础上进行创作。下面以将本地图像转化为油画风格为例，介绍图生图的具体操作细节。

1. 获取图像链接

在自建 Midjourney 画图服务器中，单击对话框前的 + 号按钮，选择“上传文件”。根据指引，确定上传的本地图片，如图 5-12 所示，按 Enter 键发送，用于图生图的底图即上传成功。如果同时参考多张底图，可重复上述操作，上传多张本地图片。

右键单击本地上传的图像，在快捷菜单中选择“Copy Message Link”，或者单击图像，再右键单击获取其链接，接着复制该图像在 Midjourney 服务器上的链接，即获取了图像链接。注意，获取本地图像的链接后缀有时有 .png 或 .jpg，有时没有 .png 或 .jpg，可以多尝试几次，获取正确的图片链接，如图 5-13 所示。

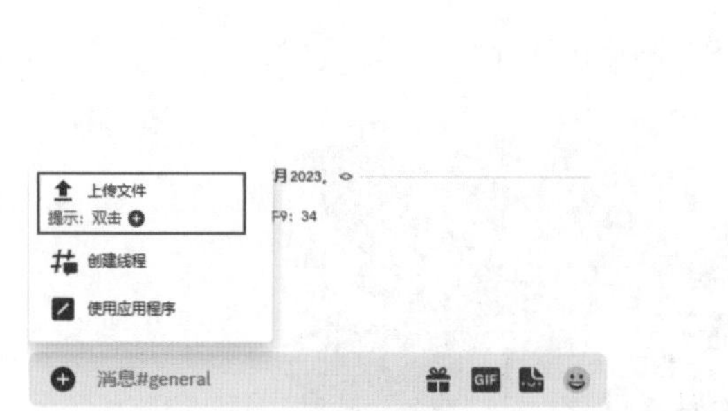

图 5-12　底图操作

图 5-13　复制上传图像的链接

2. 书写提示词

在文本框中输入 /imagine，单击 prompt，粘贴第一步中获得的图像链接，按一下空格键，输入提示词 Fauvism（野兽派），继续按空格键，输入 --iw（参考底图的权重，其值越大，越接近底图，其值越小，改变越大），再按空格键，输入 --iw 的取值 2（同时取 0 作为对比）。完成后，对话框中的内容如图 5-14 所示。

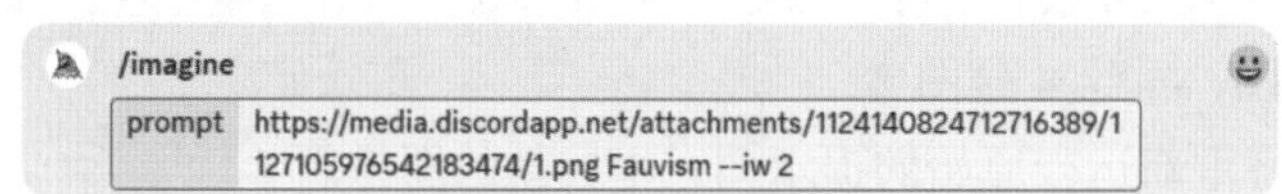

图 5-14　提示词区域

3. 生成图像

按 Enter 键，执行图 5-14 中的命令，生成的图像如图 5-15 所示。

--iw 0

--iw 2

图 5-15　新风格图像

如果不想用本地的底图，也可以使用在 Midjourney 中生成的图像进行创作。下面以提示词 A white cat playing in the garden --v 5（在花园里玩耍的白猫）为例，生成底图，演示另外一种图生图的操作细节。

1）文生图

将“在花园里玩耍的白猫”翻译为英文：A white cat playing in the garden --v 5 并输入文本框，如图 5-16 所示。

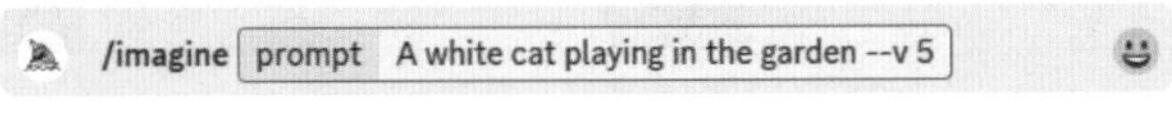

图 5-16　提示词示例

运行画图命令，生成的图像如图 5-17 所示。

2）勾选 Remix 模式

在文本框中输入 /settings，弹出 /settings 界面，如图 5-18 所示，选择 Remix mode。

也可以在文本框中输入 /prefer remix，直接切换到 Remix 模式（见后续补充说明），如图 5-19 所示。

从 4 张图片中选择心仪的图片，如第一张，然后单击 V1 按钮。如果在弹出的窗口内存在图片链接，则删除该链接，如图 5-20 所示，以减少原图对生成图的影响，并且删除原图的提示词。

图 5-17　花园里的猫（选用第一张）

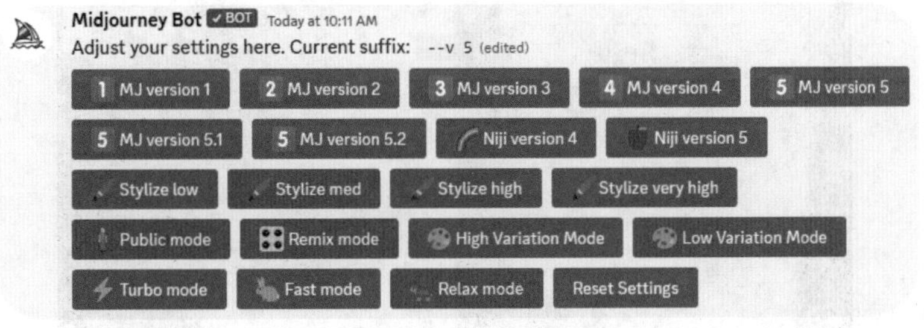

图 5-18　/settings 界面

图 5-19　切换到 Remix 模式

如果在弹出的窗口中没有图片链接，可以尝试使用提示词 ballpoint pen（圆珠笔）。

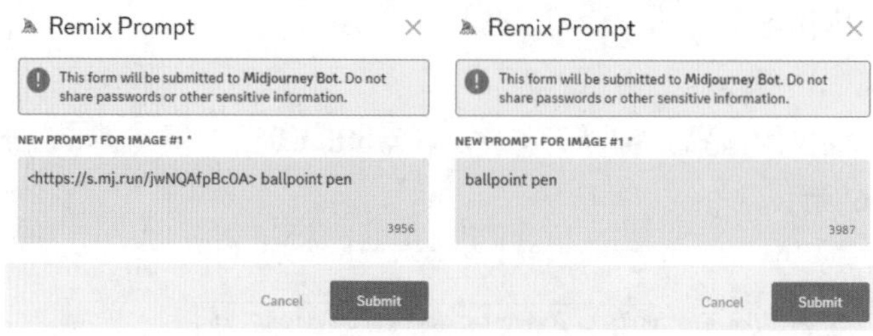

图 5-20　新风格提示词

单击提交按钮后，生成的图像如图 5-21 所示。

图 5-21　新风格图像

在上面的例子中，我们用到了 Remix 模式。Remix 模式可以更改变体之间的提示、参数、模型版本或纵横比，它将根据底图的构图重新绘图。例如，以 line-art stack of pumpkins（线条艺术南瓜堆叠）为底图，如图 5-22 中左图所示，使用 Remix 模式，如图 5-22 中图所示，输入 pile of cartoon owls（一堆卡通猫头鹰），生成的效果如图 5-22 中右图所示。

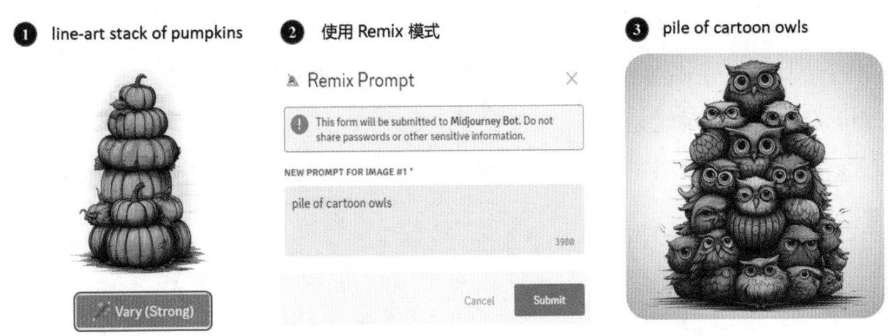

图 5-22　Remix 模式

5.4 融图：Blend

Blend 模式是指将 2 ～ 5 张底图融合为一张图，合成后的新图一般包含各底图的风格及其元素。Blend 模式无法控制融合的程度，建议各底图高和宽的比例保持一致。

（1）输入 /blend 命令，准备上传图片，如图 5-23 所示。

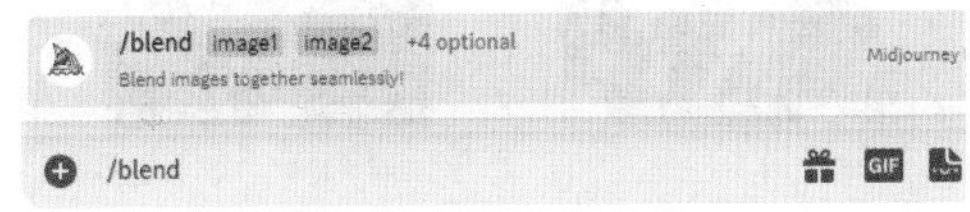

图 5-23　命令实例

（2）单击图 5-23 中的 image1 或 image2，弹出 /blend 界面，如图 5-24 所示，按照提示上传需要融合的图片。

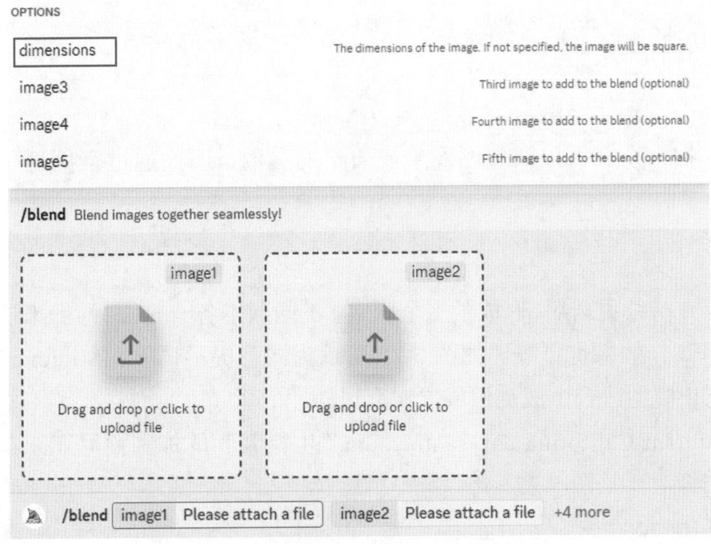

图 5-24　/blend 界面

dimensions 选项可以改变图像的纵横比，单击 dimensions 选项，弹出 Portrait、Square、Landscape 3 个控制生成图像比例的参数，Portrait 的纵横比是 2：3，Square 的纵横比是 1：1，Landscape 的纵横比是 3 ：2。

（3）按 Enter 键，在弹出的界面中上传 image1、image2，此处以上传狼和女孩两张图片为例，如图 5-25 所示。

融合结果如图 5-26 所示。

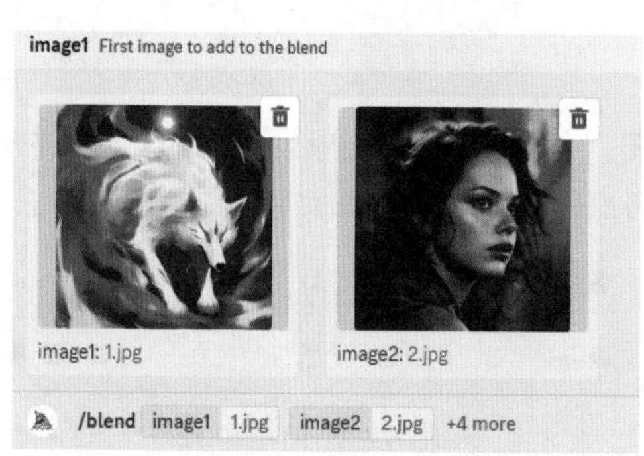

图 5-25　融合示例

图 5-26　融合结果

5.5 参数详解

Midjourney 拥有众多可以调整图像生成质量的参数，下面通过案例逐一展示这些参数的使用效果。

1. 版本

Midjourney 在持续更新后，形成了多个版本。不同版本各有特点，一般来说，版本号越高，图像的分辨率越高，效果也更好。如图 5-27 所示为同一提示词下，Midjourney 的不同版本对比。其中，Niji 模型适合生成动漫或二次元风格。

以提示词 vibrant California chrysanthemum（生机勃勃的加利福尼亚菊花）为例，用不同版本生成的图像对比见图 5-27。

2. 混乱度：chaos

--chaos（--c）称为混乱度。混乱度会影响初始图像风格的变化程度，较低的混乱度产生的结果更贴近现实，较高的混乱度将产生更多不寻常和意外的结果。混乱度的默认值是 0，取值范围是 0 ～ 100。以提示词 watermelon owl hybrid（西瓜猫头鹰混种）为例，用不同混乱度值生成的图像如图 5-28 所示。

图 5-27 版本对比

图 5-28 混乱度对比

3. 风格化：stylize

--stylize（--s）称为风格化，低风格化值产生的图像与提示密切相关，但艺术性较差，高风格化值产生的图像非常有艺术性，但与提示的联系较少。Midjourney 规定了不同版本模型风格化取值的范围，见表 5-1。通过 /setting 命令可以给风格化赋值。另外，通过 --stylize 可以在 0 ～ 1000 中任意取整数值。

表 5-1 模型的取值范围及默认值

	v1、v2、v3、Niji 4	v5、v5.1、v5.2	v4	Niji 5
设置 stylize 默认值	100	100	100	100
风格化范围	无	0 ～ 1000	0 ～ 1000	0 ～ 1000

以提示词 guinea pig wearing a flower crown（戴着花冠的小鼠）为例，Niji 5 的不同风格化如图 5-29 所示。

Style Low
(--stylize 50)

Style Med
(--stylize 100)

Style High
(--stylize 250)

Style Very High
(--stylize 750)

图 5-29　Niji 5 的 4 种风格化

4. 随机种子：seed

每幅图像的种子编号是随机生成的，但可以使用 seed 参数指定。seed 的取值范围为 0 ～ 4 294 967 295。注意，sameseed 是 v4 之前的参数，v4 之后统一为 seed。如果用户使用相同的种子编号和提示，将获得相似的图像。以提示词：celadon owl pitcher --seed 123（青瓷猫头鹰投手 -- 种子 123）为例，将获得四幅较为一致的青瓷猫头鹰投手图像，如图 5-30 所示。

图 5-30　设定 seed 获得相似的图像

获取生成图像的种子的方法如下：在生成的图像上单击鼠标右键，选择添加反应（Add Reaction）| 查找更多（View More），然后搜索 envelope，单击第一个信封的图标，AI 机器

人会单独发送一条私信，私信中包含种子值和 Job ID，如图 5-31 所示。注意，在单击 U 按钮放大图像后，添加反应是没有效果的，只有初始生成的 4 张预览图中才可以得到其 seed 值。

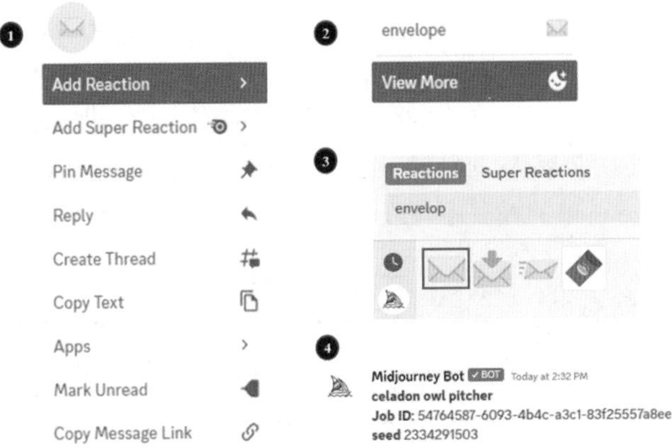

图 5-31　青瓷猫头鹰投手种子值

5. 权重：iw

--iw 用于设置底图的参考权重。权重可以改变底图与提示词的重要程度，更高的 --iw 值意味着底图参考权重更高，生成的图像会跟底图更相似。--iw 参数需要上传参考底图，目前 v5 版本的默认值是 1，取值范围是 0.5 ～ 2。

下面举例说明。假定底图为 flower.jpg，新提示词为 birthday cake，底图 --iw 的取值分别为 0.5、0.75、1、1.25、1.5、1.75 和 2 的对比图如图 5-32 所示。

图 5-32　-- iw 的不同取值效果对比

6. 图像比例：ar

--ar 用于确定生成图像的比例。一般情况下，不同应用场景采用不同的图像比例，如图 5-33 所示。1：1 常用于头像、产品和广告等展示。16：9 也称为宽屏幕，是高清电视和视频的标准宽高比。9：16 也称为竖屏幕，是智能手机上垂直方向的标准宽高比，通常用于社交媒体应用程序中的视频。4：3 曾经是电视和计算机显示器的标准宽高比，现在已经不常用了。21：9 也称为电影宽屏幕，是一些电影院和电视制作公司使用的宽高比。注意：比例必须是整数，不能使用 2.35：1 而应使用 235：100。如不指定，默认比例是 1：1。v1、v2、v3、Niji 4 仅在 stylize med 的模式下可以为任意比例。如表 5-2 所示为不同版本的宽高比。

表 5-2 不同版本的宽高比

v5	v4	Niji 5
任何比例	1：2 至 2：1	任何比例

图 5-33 不同宽高比示例（引用自 Midjourney 官网）

7. 负权重 no 与 ::-x

--no 与 ::-x 参数后接提示词，可以删除不需要的元素。--no 参数用来降低某个提示词的概率。例如，提示词 still life gouache painting（静物水粉画），Midjourney 有可能会产生包含水果的图像，并不符合使用者不想要图像出现水果的意图，而 Midjourney 没有 without fruit 和 don't fruit 的表达，如果要改进结果，则需要在对话框中使用 --no 参数指定不想包含的物体。以图 5-34 中左图为原图，不想让其出现水果的 ---no fruit 与 :: fruit::-0.5 的对比如图 5-34 所示。

需要说明的是，在图 5-34 的右图中，:: 表示提示词的权重比例，:: 的默认值为 1，::-x

值表示不想让生成图出现某元素，:: 的所有权重的总和必须是正数。例如，still life gouache painting ::（静物水粉画）的权重默认为 1，fruit ::-0.5 的权重为 –0.5，所有权重的结果为 1+（–0.5）=0.5。

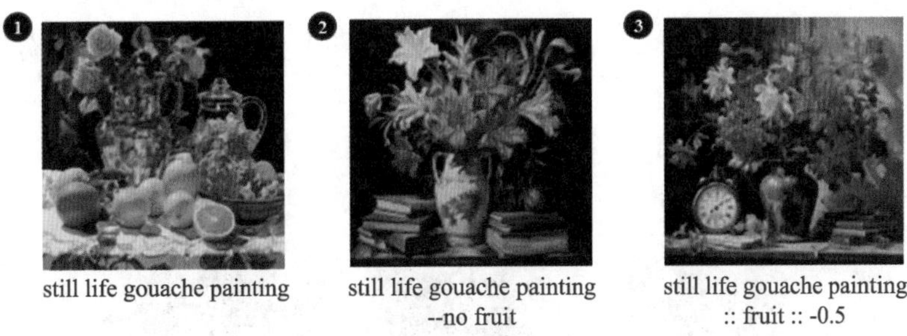

图 5-34　负权重效果

8. stop

使用 --stop 参数可以在流程中途完成绘图。使用该参数将在达到指定的进度百分比时停止绘图，如图 5-35 所示。一般情况下，提前终止绘画的图像质量不如进度 100% 的图像质量。--stop 的范围为 10～100，默认值为 100。以提示词 splatter art painting of acorns（飞溅的橡子艺术画）为例，stop 的取值分别为 10、20、30、40、50、60、70、80、90 和 100 时的实例对比如图 5-36 所示。

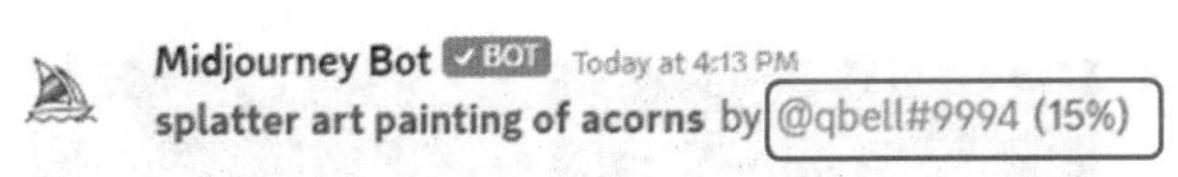

图 5-35　在 Discord 中查看进度

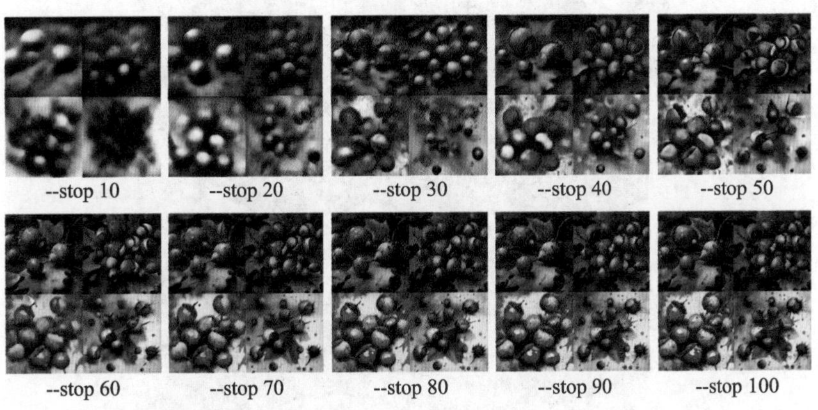

图 5-36　--stop 的不同取值效果对比（引用自 Midjourney 官网）

9. 成图质量：quality

--quality 用于更改成图的质量。该参数取值越大，成图质量越高，将消耗更长时间和更多 GPU 资源来生成更多细节。质量设置不会影响分辨率，quality 取值区间为 0.25 ～ 5，默认值为 1。

以提示词 detailed peony illustration（高清牡丹插图）为例，quality 取值分别为 0.5 和 5 时的实例对比如图 5-37 所示。

图 5-37 --quality 的不同取值效果对比

10. tile 参数

--tile 参数生成的图像可用作基本元素进行重复绘制，为织物、壁纸和纹理创建无缝图案。提示词为 scribble of moss on rocks --tile（在岩石上涂鸦苔藓 -- 贴图），效果如图 5-38 所示。

图 5-38 --tile 参数的效果（引用自 Midjourney 官网）

11．video 参数

--video 参数用于创建正在生成的初始图像的短片。--video 参数仅适用于最初生成的四张图像，且仅适用于 v5、v5.1、v5.2 和 Niji 5 等模型版本。

想要得到充满活力的加州菊花的 video，可以输入提示词 Vibrant California chrysanthemum --video（生机勃勃的加利福尼亚菊花），如图 5-39 所示。

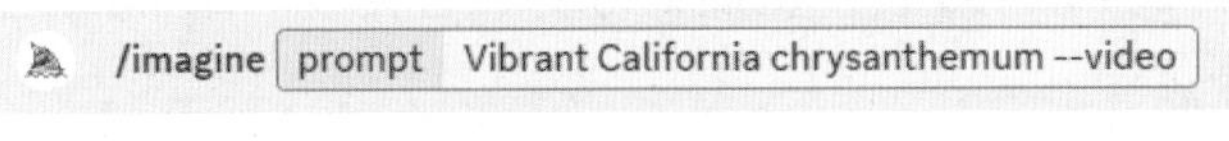

图 5-39　提示词示范

图像生成后，选择 Add Reaction | envelope，在 DIRECT MESSAGES 选项中选择 Midjourney Bot 获取视频链接，然后单击这个链接，即可在浏览器中查看视频，如图 5-40 所示。

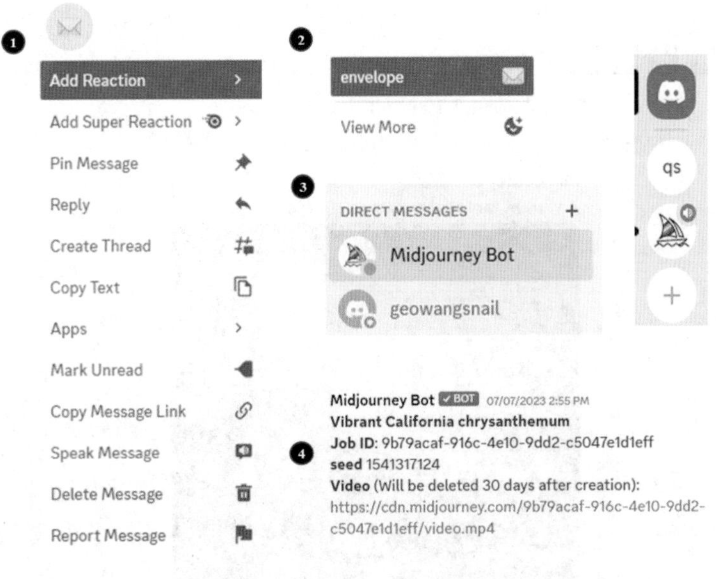

图 5-40　获取生成视频

12．奇特值：weired

--weired 参数为生成的图像引入了古怪和另类的品质，从而产生独特且意想不到的结果。--weird 的取值范围为 0 ～ 3 000，默认值为 0。以提示词 lithograph potato（石版马铃薯）为例，weired 取值分别为 0、250、500 和 1 000 的对比如图 5-41 所示。

图 5-41　--weired 取不同值的对比效果（引用自 Midjourney 官网）

5.6 高级技巧

1．平移：Pan

Pan 选项允许用户在所选方向上扩展图像的画布，无须更改原始图像的内容。新展开的画布根据提示词和原始图像的引导进行填充。平移允许在一个方向上将图像分辨率提高到最大为 1024px × 1024px 尺寸以上。Pan 兼容的版本有 v5、v5.1、v5.2 和 Niji 5。

平移按钮 ⬅ ➡ ⬆ ⬇ 将在放大图像后出现，如图 5-42 所示。平移时，仅使用最靠近图像一侧的 512 像素及提示词来确定新生成的内容。

图 5-42　Pan 的界面

以提示词 A vibrant fantasy landscape 为例，向上、下、左、右 4 个方向进行平移后获得的结果如图 5-43 所示。

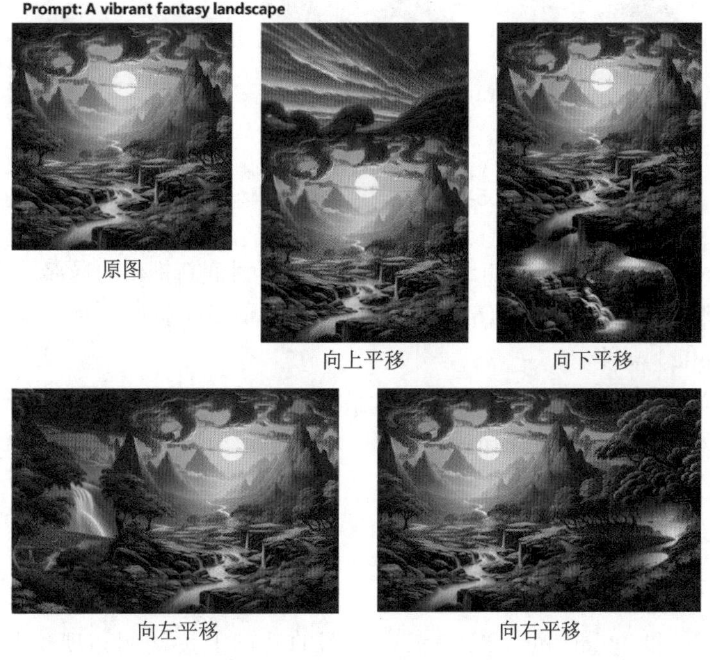

图 5-43　平移

2. 重绘：Vary Strong、Subtle、Region

在 Midjourney 中，完成图片绘制后，如果不满意，可以使用 Pan 命令上方的 Vary 进行重绘，如图 5-44 和图 5-45 所示。重绘包括 3 种模式：

- Vary（Strong）：全局重绘，新图在原图基础上进行创作，变化较大。
- Vary（Subtle）：全局重绘，新图在原图基础上进行调整，变化较小。
- Vary（Region）：在选择的区域进行重绘，只改变选择的区域。

图 5-44　全局重绘对比（官网配图）

图 5-45　局部重绘（官网配图）

其中，Vary（Region）是 Midjourney 于 2023 年 8 月底新推出的局部重绘功能。该局部重绘功能在处理图像的较大区域（占比 20% ～ 50%）时效果较好。对于较小的修改，建议使用 Vary（Subtle）功能。

重绘时可以添加提示词进行引导，不过最好添加与原图内容相关的提示词，这样内容会更加合理。例如，在花园里增加玫瑰花丛，而不是在房间里增加大象等与场景不协调的元素。

Vary Region 支持 v5、v5.1、v5.2 和 Niji 5 这 4 个版本，使用方法和 Pan 基本一样。

3. 扩展：Zoom Out

Zoom Out 2x 和 Zoom Out 1.5x 表示在原图的基础上按比例拓展绘制 2 倍及 1.5 倍。Make Square 选项可以将非正方形图像拓展绘制为正方形。Custom Zoom 选项可以自定义扩展绘制的比例。图 5-46 是外扩 1.5 倍与外扩 2 倍的区别。

图 5-46　Zoom Out 的对比（引用自 Midjourney 官网）

4. 多任务并行：{}

{ } 表示多任务并行，可以实现批量成图。使用方法为：{ 提示 1, 提示 2, 提示 3}，提示 1、2、3 可以是文本、图像提示、参数或提示权重等内容。仅 VIP 中高级会员可使用多任务并行参数，并且仅限在 fast 模式下使用。

为了展示多任务并行效果，使用提示词：/imagine prompt a naturalist illustration of a {pineapple, blueberry, rambutan, banana} bird，会生成菠萝、蓝莓、红毛丹和香蕉 4 个不同风格的鸟，如图 5-47 所示。注意，大括号 { } 里的提示词前方需要加入一个空格，或者在大括号前加一个空格。

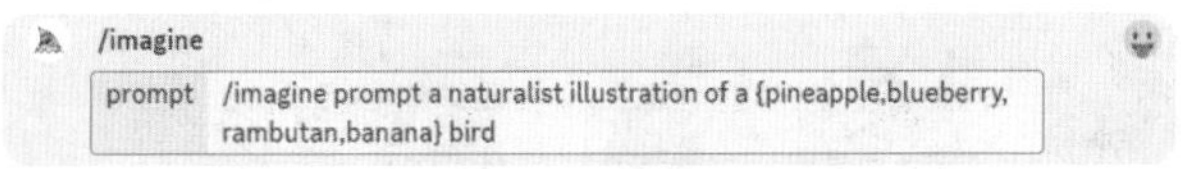

图 5-47 { } 提示词示范

当出现如图 5-48 所示的提示词，即可批量生图，如图 5-49 所示。

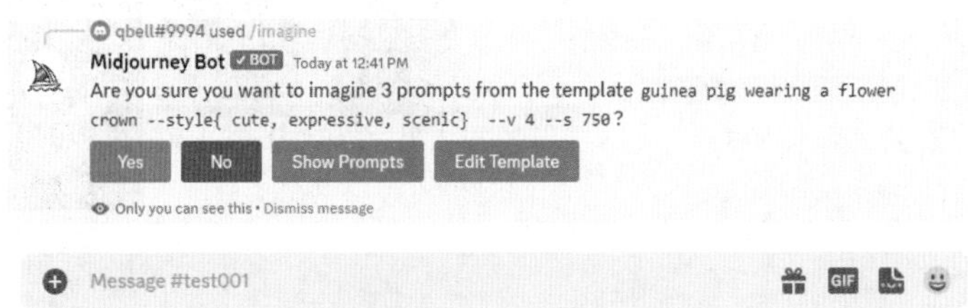

图 5-48 多任务成功提示

图 5-49 并列提示文本批量生成图

{ } 多任务并行还可以处理不同的参数，下面以宽高比这个参数为例进行展示，结果如图 5-50 所示。提示词为：/imagine prompta naturalist illustration of a fruit salad bird --ar { 3:2, 1:1, 2:3, 1:2 }。

图 5-50　不同宽高比批量成图

5. 分割符：::

:: 分割符可以将一个词语分割成两个部分，也可以为分割的各个部分提供不同的权重。以 3 个提示词：cheese cake、cheese::cake、cheese::2 cake 为例，结果如图 5-51 所示。其中，cheese cake 是奶酪蛋糕，cheese::cake 是奶酪和蛋糕，cheese::2 cake 会让奶酪的比例更大，此时 cheese 的权重是 cake 的 2 倍。

cheese cake

cheese:: cake

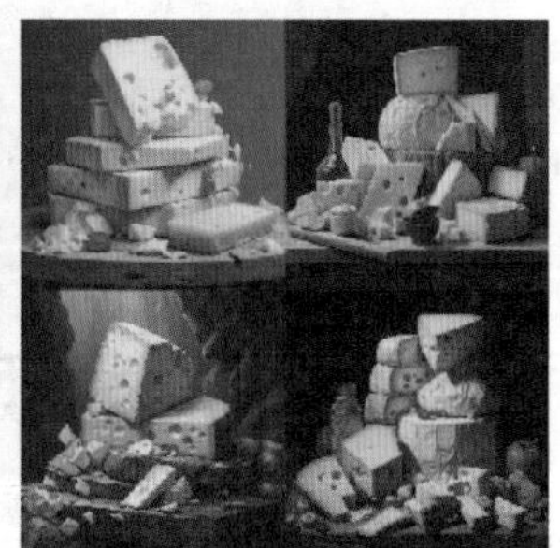
cheese::2 cake

图 5-51　权重对比

5.7 系统设置

5.7.1 一般命令

在添加 Midjourney Bot 的 Discord 服务器中，在底部命令行中输入 Midjourney 命令，除了可以生成图像外，也可以更改默认设置、监视用户信息以及执行其他非画图任务。Midjourney 的常用命令如表 5-3 所示。

表 5-3　Midjourney 的常用命令

命　　令	操　　作
/info	查看你的账户以及任何排队或正在运行的作业信息
/invite	获得一个邀请链接
/prefer option set	创建自定义变量
/prefer option list	列出之前设置的所有变量
/prefer auto_dm	图像生成后通过 Midjourney 机器人给用户发送私信，其中包含 JobID 和 Seed 值
/prefer suffix	指定要添加每个提示末尾的自定义后缀，相当于把自定义变量设置成默认值
/prefer remix	切换到混合模式，采用原图的构图，根据提示词改变原图
/public	切换到公开模式，生成的图都是公开的，可以看到提示词
/relax	切换到慢速出图模式，如果快速模式耗尽就选择慢速
/settings	查看和调整 Midjourney 机器人的设置
/show	查看指定 job_id 的出图
/stealth	切换到隐私模式，出的图不会显示在社区，每月 60 美元的会员才有效
/subscribe	生成用户账户页面的付费订阅链接

5.7.2 版本模式控制：/settings

在 Discord 底部的文本框中输入 /settings，弹出如图 5-52 所示的界面。在该界面中可以选择 Midjourney 模型的版本和出图模式。

区域一为版本区域。选择不同版本，可以产生不同版本的图像。v1、v2、v3、v4、v5、v5.1、v5.2 每个版本的风格都不同，版本号越高，图像的分辨率就越高，效果也越好。Niji 模型主要用于动漫和二次元风格。

区域二为风格化区域。风格化有 50、100、250 和 750 共 4 种取值。风格化程度会影响基础模型中风格经验的应用强度。低风格化值生成的图像与提示非常匹配，但艺术性较差。高风格化值创建的图像非常艺术，但与提示的联系较少。

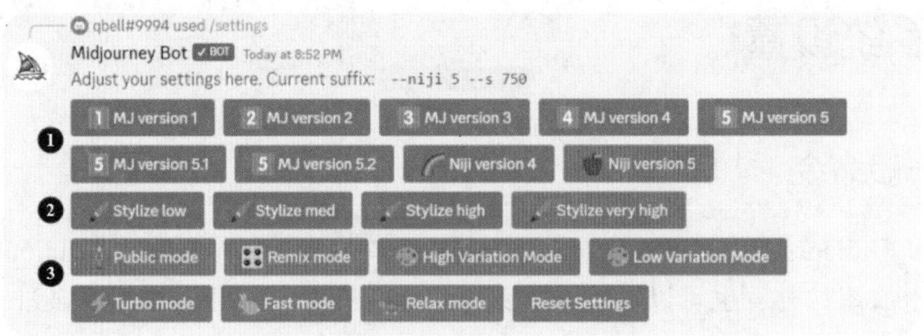

图 5-52 /settings 界面之更新版本

区域三为模式区域。Public mode 为公共模式，即生成的图会展现在该社区。Remix mode 为混合模式，可以在原图的基础上创新生成新图像，以更改图像的比例、环境和主题。High Variation Mode 为高自由风格，可以突破思想禁锢，帮助使用者开阔想象空间。Low Variation Mode 为低自由风格，创意受到限制。

区域三中也可设定出图模式。其中，Turbo mode 为闪电出图，Fast mode 为快速出图，Relax mode 为排队出图。在 Turbo mode 下出图速度可达 Relax mode 的 4 倍，但消耗的订阅 GPU 分钟数是 Fast mode 的 2 倍。Reset Settings 表示重新恢复为默认模式。

5.8 注意隐私

Midjourney 是一个默认开放的社区，所有生成的图像都可被公开查看，包括在私人 Discord 频道、公共频道和 Midjourney Web 应用程序上创建的图像。因此，使用 Midjourney 进行 AI 绘图，需要特别注意隐私问题。

同时，Midjourney 禁止使用 NSFW 等相关限制词作为提示词，应遵守相关规则，进行规避。

5.8.1 隐私设置

以下途径，Midjourney 可能会泄露生成的图像与提示词信息，如图 5-53 所示。

- 在公共频道中作画，所有人均可观看作画过程，导致隐私泄露。
- 在个人频道生成的历史图像，默认所有人都可以搜索和查看。

除非主动分享，大部分用户并不希望所有人都可以看到自己的绘画作品。多数时候，我们只想将得意的作品分享给特定的亲朋好友欣赏。此时，我们可以使用私密设置，防止自己的隐私被泄露。

在 Midjourney 中，隐私设置默认是 Public（公开），基本账户和标准账户无法设置隐私模式。Pro 账户可以进行隐私设置（但仅限 Pro 账户），将账户设置为 Stealth mode（隐私模式），如图 5-54 所示。设置隐私模式后，只有被授权的人才能看到我们生成的图像，其他人无法看到，不用再担心被侵犯隐私。

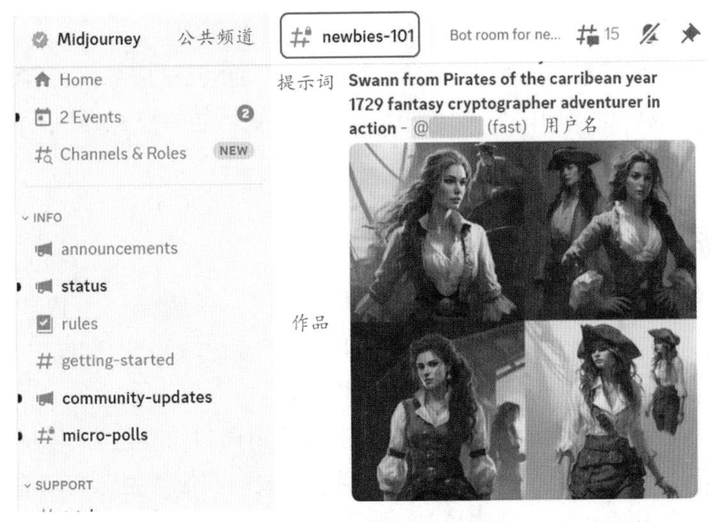

图 5-53　公共频道泄露隐私

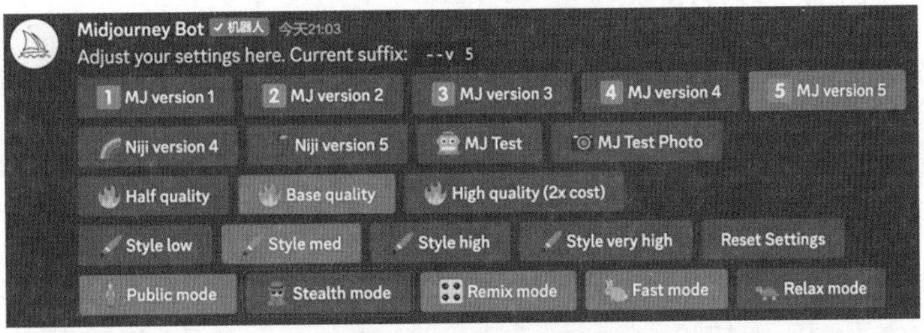

图 5-54　隐私模式

如果使用 Discord 服务器，在命令行输入 /info，可以检查 Visibility Mode（可见性模式）。如果 Visibility Mode 设置为公开，则浏览 Midjourney 图库的任何人均可以看见我们创作的图像。

在 Midjourney 中使用隐私模式非常简单。开通 Pro 账户后，在命令行输入 /settings，在图 5-54 中选择 Stealth mode，即可设置成功。

或者在 Discord 中输入 /private 即可切换到隐私模式。也可以使用 /stealth 和 /public 命令在隐私模式和公共模式之间切换。

切换成功后，创建的任何图像都自动从 Midjourney 图库中取消发布，在公众视线中消失。但注意，无论采用上述何种方式设置隐私模式，都要先开通 Pro 账户。

如果已经创建了图库，现在能将它们设为隐私模式吗？

Stealth mode 不能自动将已经创建的图库设为隐私模式，此时可以手动取消已经发布的图像。如果需要取消发布的图像过多，则这个过程可能比较烦琐。如果我们熟悉 Midjourney，但突然发现存在隐私泄露问题，那么建议最好能坚持将图片取消，以确保我们的历史图像能够保密。

注意，要真正确保隐私，需要使用隐私模式在私人 Discord 服务器上生成图像，这样可以确保无人能查看我们生成的图像。合理使用隐私模式，能够控制哪些人何时可以查看我们创作的图像。

5.8.2 禁用词

在使用 Midjourney 的过程中可能会触发禁用词，导致无法生成图像。例如，在 Midjourney 中输入“胎盘”“输卵管”等英文提示词，系统会将这些词标记为禁止提示，不允许使用。

Midjourney 的创始人大卫·霍尔兹表示：设置禁用词的初衷是为了防止用户生成令人震惊或血腥的内容。平台会根据文字的使用方式及生成的图像类型定期调整禁用词的范围。Midjourney 给出了原则上的社区规则指引：

- 友善并尊重彼此。请勿创建本质上不尊重、具有攻击性或其他辱骂性的图像或文本提示。任何形式的暴力或骚扰都是不被容忍的。
- 禁止成人内容或血腥内容。请避免制作视觉上令人震惊或不安的内容，否则将自动阻止一些文本输入。
- 未经他人许可，请勿公开转发他人的创作。
- 注意分享导致的隐私泄露或作品滥用。

社区规则指引比较含糊，并不明确，不少用户都遇到过因禁用词而导致绘图失败。网友总结了潜在的禁用词范围如下：

- 描述裸露、色情、侮辱性穿着的词汇。
- 描述身体部位、器官；涉及宗教、政治、歧视、欺骗等类似禁忌词汇。
- 成人类、毒品类、血腥暴力类词汇。

Midjourney 致力于使其内容达到 PG-13 级（不适合 13 岁以下人群观看），使用禁用词过滤器自动过滤与暴力、毒品、骚扰、成人内容、血腥、攻击性和辱骂有关的单词。

5.8.3 隐私保护建议

1. 不在公共频道作图

在公共频道作图，所有人可见，相当于“裸奔”。按照本书第 5.1 小节中的步骤，建立私人频道并绘画，可以避免被人围观。

2. 及时删除隐私画作

即使在私人频道中绘画，其作品也有可能被公开浏览。如果不是 Pro 账户，对可能涉及隐私的画作应及时删除，如图 5-55 所示。

图 5-55　删除隐私图像

3. 不上传个人图像

我们常常会利用 AI 绘画来生成不同风格的个人图像，这样确实很有趣。但在图生图或融图操作中，需要上传涉及个人隐私的底图时，一定要确认自己是否处在 Stealth mode（隐私模式）下。如果不是，那么尽量不要上传个人图像。

第 6 章 SD-webUI 快速上手

Stability AI 在 2023 年 7 月底发布了最新版扩散模型 SDXL 1.0（详见本书 2.4 节）。当前针对基于 SDXL 1.0 的配套插件与微调模型较少，大部分生态仍然以 SD v1.5 等模型为主。同时考虑到先进性与实用性，本章以 SD-webUI 为载体进行介绍，在 SDXL 1.0 可用的环节尽量使用SDXL 1.0进行介绍，在SDXL 1.0不可用的环节则采用SD v1.5进行介绍。SDXL 1.0 与常用的 SD v1.5 模型的使用方式基本一致（除了 Refiner），因此上述介绍方式并不影响读者的学习。

6.1 部署与界面

使用 SD 进行绘画创作，需要一定的 GPU 算力支持。个人计算机的配置一般无法满足流畅出图的要求，需要将 SD 部署到云平台上。

6.1.1 部署

我们可以基于 comfyUI 与 SD-webUI 两种方式来使用 SD 模型。comfyUI 采用工作流的方式，功能强大，但对习惯使用菜单操作的设计师不友好，上手难度较高。SD-webUI 使用菜单操作，界面友好，易上手。同时，SD-webUI 的插件、主题和教程等生态完善、先进，可以轻松搜集相关资料或者安装扩展功能。

一般将基于 SD 模型的浏览器界面简称为 SD-webUI。当前最受欢迎的 SD-webUI 版本为 Automatic111（网址为 https://Github.com/AUTOMATIC1111/stable-diffusion-webui）。Automatic111 作为 GitHub 上广受欢迎的 9.7 万星的高赞项目，在全球活跃的社区代码贡献者的支持下，保持着快速的更新优化速度。

1. 安装与配置

1）安装

可以采用以下两种方式安装 Automatic111：

- 一键安装。从 v1.0.0-pre（网址为 https://Github.com/AUTOMATIC1111/stable-diffusion-webui /releases/tag/v1.0.0-pre）上下载 sd.webui.zip 并解压，单击 Run update.bat 更新 SD-webUI 至最新版本，双击 Run run.bat 打开 webUI 即可使用。
- 源码安装。安装 Python 3.10.6（较新版本 Python 不支持 Torch）；安装 Git；使用命令：Git clone https://Github.com/AUTOMATIC1111/stable-diffusion-webui.Git（下载 stable-diffusion-webui 代码）。从 Windows 资源管理器中运行 webui-user.bat。

对于第 1 种方式，sd.webui.zip 是一个二进制发行版，适合没有程序基础、只想使用 SD-webUI 绘画的用户。该版本已经安装了常用的模型、插件和扩展，只需要双击 run.bat 即可启动，仅要求计算机为 Windows 10 系统及 NVIDIA 显卡。运行一次后，可以将安装包复制到另一台计算机上离线启动。

第 2 种方式适合有一定代码基础、想了解源码或基于源码开发的用户。

本书推荐使用秋叶制作的整合包。本书的电子资料中提供了百度下载链接，下载完成后，解压文件夹，单击文件中的“A 启动器”即可使用。

2）计算机配置

SD 作为数十亿参数级别的大模型，对显存大小的要求很高。在本地使用 SD-webUI，计算机配置需要满足以下要求：

- NVIDIA 显卡，GTX1060（或同等算力的 N 卡）以上，显存 4GB 以上。由于 SDXL 1.0 要求最低显存为 8GB，所以推荐 12GB 及以上显存、RTX3060 及以上算力的显卡。
- Windows 10 或者 Windows 11 系统。
- 运行内存 16GB 及以上，SSD 固态硬盘不低于 128GB（可更快读取大模型）。

在“Windows 任务管理器中”对话框中选择“性能”选项卡，可以查看显卡、显存、CPU 和内存等信息。对计算机配置没有相关经验的读者，可以参考本书使用的配置：Windows 10，第 13 代 i5 处理器，NVIDIA RTX 4060Ti 16GB 显存，32GB 内存，2TB 固态硬盘，总价 7 500 元（2023 年 8 月配置价格，含显示器）。

2. 云部署

由于购买一台适合 AI 绘画的台式机成本较高，而且不方便移动办公，所以可以选择购买云平台上的 SD-webUI 服务。

国内几大云厂商都开通了 AI 绘画云服务，不同平台的收费方式不同，一般有包月、按小时付费、按资源消耗量付费 3 种。在多个云平台上试用云部署 SD-webUI 后，根据用户的使用习惯，给出下述建议：

1）轻度用户

如果单位时间内生成的图像较少，建议选择按量付费。推荐使用腾讯云 Serverless 应用中心的 Stable-Diffusion-Webui 项目（网址为 https://cloud.tencent.com/document/product/1154/95431#a7684765-169f-4215-9d75-95fe5ced912b）。

按照文档指引，创建应用成功后，可以使用 SD-webUI 的全部功能，包括管理自定义模型、插件扩展。仅在实际调用 GPU 进行图像生成时计费，编写提示词、浏览图库均不计费。

以第一次打开 SD-webUI，加载自定义模型（平均耗时 20 ～ 100s）后生成一张 512×512 大小的图像（10s）为例，共计 30 ～ 110s，该过程的费用为：0.0003074（元 / 内存秒）×32（GB 内存）×30 ～ 110 生图时间（秒）=0.3 ～ 1.1 元。模型越大，该过程产生的费用就越多。

对于模型加载完后的平均生图的费用，以生成 512×512 大小的图像，step 配置为 20，平均花费 5 ～ 10s 为例，生成单张图像的平均费用为：0.0003074（元 / 内存秒）×32（GB 内存）×5 ～ 10 生图时间（秒）=0.05 ～ 0.1 元（即大量生图的模式下，生成单张图像平均花费约 0.05 ～ 0.1 元，该费用会随着图像分辨率、Steps、Controlnet 等插件步骤的不同而增加，和生成图像的时间成正比）。

阿里云函数也提供了类似服务。

2）重度用户

如果单位时间内生成的图像较多，建议选择按小时付费。推荐使用 LanruiI 网站（网址为 http://www.lanrui-ai.com/）。该网站可选择显卡型号，按小时计费，其中，3090:24GB 每小时收费约 1.9 元（凌晨闲时每小时费用为 1.5 元）。

笔者在 Lanrui 上使用 SD-webUI 近 60 个小时，有以下感受：

- 提供一键部署和灵活扩展两种方式，文档指引清晰，操作简单。
- 启动很慢，生成图像的速度时快时慢，存在等待时间较长的情况。
- 按小时结算，不足一小时的按一小时计价。
- 一天内可能会出现两三次服务器中断，重启后重新按 1 小时计费。
- 虽然官方宣称每个人使用一个 GPU（类似于云计算机），但是在实际使用中，生成图像时经常出现卡顿（GPU 算力不流畅）。
- 总体而言，按小时付费方式简单、可用、价格相对便宜、方式灵活，仍然值得一试。

跟 Lanrui 相似的非大厂云平台有 Autodl（网址为 https://www.autodl.com/）与青椒云（网址为 https://www.qingjiaocloud.com/cooperation/agent/）。除非购买较贵的服务，这些平台都存在跟 Lanrui 一样的问题。

值得一提的是，百度 AI Studio 提供了每天 8 点（可兑换 8 小时时长）免费 GPU 算力和体验的良好的 Notebook 编程环境，有一定程序基础的用户可以选择 Fork 相关的 AI 绘画项目（基于 Paddle Paddle 的 Diffuser），可以实现免费快速出图。

在此，郑重推荐笔者团队开发的“AI 可学”（网址为 https://www.aikx.com/）。“AI 可学”

平台即开即用，不需要和上面提到的平台一样部署，而只需要数分钟的启动时间即可。同时，它只在生成图像使用 GPU 时按秒计费，输入参数等使用过程不计费，使用费用显著低于其他平台。AI 可学平台保持快速更新的频率，提供了精选的常用模型和实用的插件以及丰富的 SD-webUI 功能并跟进 AI 绘画的最新进展。

3．SDXL 1.0

与 SDXL 1.0 相关的 UI、插件与微调模型并不完善，对于初次接触 AI 绘画的朋友，建议根据安装教程进行学习。截至 2023 年 12 月，除了 ComfyUI 这个途径外，可以通过以下 3 个途径使用 SDXL 1.0。

1）Automatic1111

Automatic1111 在 2023 年 8 月 24 日发布了 1.6.0-RC 版本的 SD-webUI（网址为 https://Github.com/AUTOMATIC1111/stable-diffusion-webui/releases）。旧版本的 SD-webUI 也可以使用 SDXL 1.0，但在生成图像时会严重消耗内存和显存，导致生成速度非常慢。1.6.0-RC 是一次重大版本的更新，针对 SDXL 1.0 进行了大范围优化，显著降低了显存消耗并提高了成图速度。可以选择以下任意一种安装模型：

- 全新安装：按照官方仓库中的说明安装，因为需要下载的文件比较多，可能时间比较长。
- 升级安装：在 SD-webUI 目录下使用 Git pull 命令拉取最新版的代码，然后重新启动即可。

2）Fooocus

Fooocus（网址为 https://Github.com/lllyasviel/Fooocus）是由 ControlNet 作者 Lllyasviel 发布的一款开源 AI 绘画工具。一经发布，在 GitHub 上迅速霸榜，三天标星破 44。大家对此项目的高度认可源于其强大的功能。Fooocus 直接使用 SDXL 1.0 模型，可以和 SD-webUI 一样在本地部署并免费使用。同时，其操作界面十分简洁，隐藏了 SD-webUI 中繁杂的参数调节，让用户可以专注于提示和图像。最重要的是，Fooocus 显著降低了使用 SDXL 1.0 模型所需要的高内存与高显存，仅需 8GB 内存和 4GB 显存即可使用。

读者参考 GitHub 中该项目下的说明文档下载使用即可。

3）SD.Next

SD.Next（网址为 https://Github.com/vladmandic/automatic）基于 Automatic1111 中的 SD-webUI 项目，不断迭代优化后，最终成为一个独立版本。SD.Next 与 SD-webUI 相比，包含更多高级功能，同时支持 SD v1.5、SDXL 1.0、Kandinsky 和 DeepFloyd IF 等 AI 绘画模型，是一个普适的 AI 绘画 UI 框架。

可以在 SD.Next 的 GitHub 仓库中下载，按照说明安装该框架，然后下载 SDXL 1.0 模型即可使用。

6.1.2 SD-webUI 简介

这里选择最新的 1.6.0 版 SD-webUI 作为工具。下面通过生成第一张图像来熟悉一下 SD-webUI 的界面，如图 6-1 所示。首先，我们将整体界面分为模型选择区、菜单栏、提示词区、参数调整区、生成区和图片展示区 6 个区域；其次，通过填写各区域参数的方式来熟悉界面的基本操作；最后，单击“生成”按钮，得到教室里的女孩的图像。

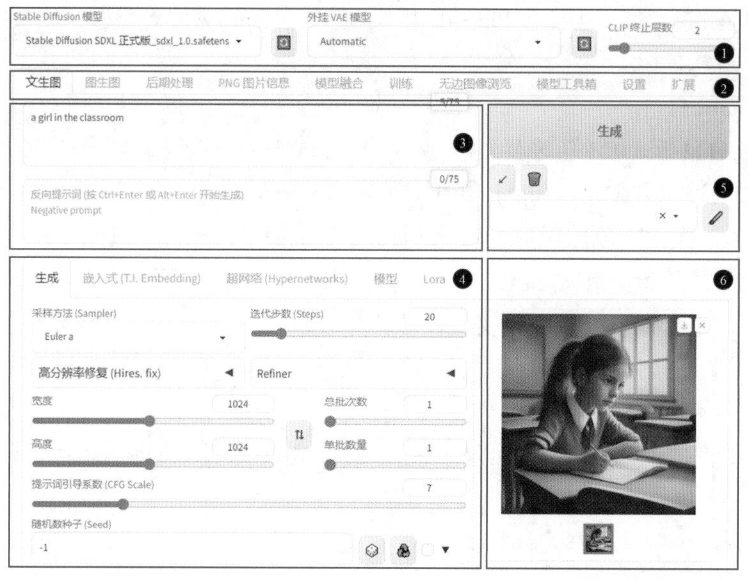

图 6-1 SD-webUI 的界面

- 模型选择区：在“Stable Diffusion 模型”中一般选择基础绘画模型，在“外挂 VAE 模型”中可以选择所需滤镜，CLIP 一般设定为 2。
- 菜单栏：包含文生图、图生图、后期处理、PNG 图片信息模型融合、训练、设置和扩展等子菜单。可按需求更改、添加和移除菜单栏命令。
- 提示词区：上方为正向提示词区，下方为反向提示词区，用于为生成的图像添加不想出现的元素。
- 参数调整区：参数影响出图的效果，各个参数的具体作用将在本书 6.4.1 小节中具体介绍。
- 生成区：单击“生成”按钮，SD-webUI 即可根据已有的参数生成图像，生成区域的 5 个按钮可方便用户生成图像。
- 图片展示区：SD-webUI 生成的图像在该区域进行展示。

6.2 文生图

文生图，顾名思义即使用文字描述（提示词）让 AI 绘画模型生成图像。我们已经在 Midjourney 中体验过文生图（见本书 5.2 节）。在 SD-webUI 中，因为涉及较多参数，文生图的操作比 Midjourney 复杂。但是，SD-webUI 使用多参数调节，显著提高了文生图质量的可控性。

选择菜单栏中的“文生图”命令，进入文生图界面，如图 6-2 所示。下面通过文生图创作一幅山水画，来体验画图过程。

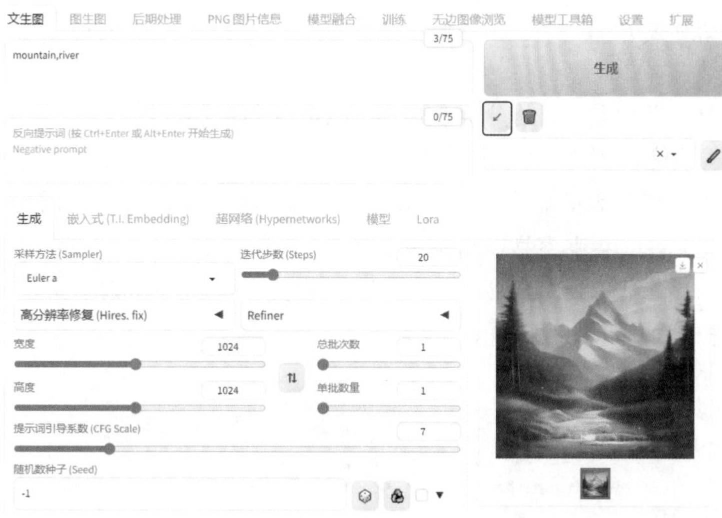

图 6-2　文生图界面

1. 构思并书写提示词

为了便于上手，此处以 mountain,river 作为提示词，快速演示效果。

根据实际经验，想用合适的提示词将我们脑海中构思的图像细节描述出来，一般较为困难。即使我们苦思冥想，写了很多提示词，可能效果也不一定好。建议在出图效果不佳或者构思困难的时候，可以先看看 C 站上的优秀作品，借此激发灵感。

在 Civitai 中找到理想的参考图片后，复制该图片提示词至提示词区，然后在此基础上进行修改。关于如何使用 Civitai 网站的提示词，可参考本书 4.3 节。单击图 6-2 右侧红框中的箭头按钮，SD-webUI 会自动解析从 Civitai 复制的提示词和参数，并将解析后的提示词和参数添加到界面中的对应区域。

AI 在绘画时可能会出现图片内容与预期不符的情况，一般情况下需要根据出图效果调整提示词，如添加反向提示词、提高重要细节的权重等。

2. 选择模型

“Stable Diffusion 模型”选择 Stable Diffusion SDXL 正式版，“外挂 VAE 模型”默认选择 Automatic，CLIP 终止层数选择 2，如图 6-3 所示。

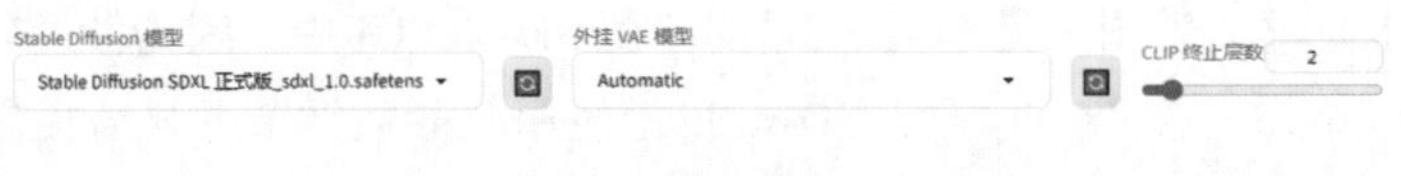

图 6-3　选择模型

3. 选择图片参数

在提示词区正下方的参数区，从左向右、从上向下，依次调整参数如下：

- 采样方法选择 Eular a。
- 迭代步数选择 20。
- 面部修复、平铺图、高清分辨率修复、Refiner 默认不选择。
- 图片的宽度和高度为 1024×1024。
- 总批次数与单批数量默认不变（尤其是单批数量，默认为 1，如果显卡配置普通，建议不要修改，否则容易提示显存不够）。
- 提示词引导系数调到 7，随机数种子 Seed 设为 –1，其他参数不变。

参数调整完成后，如图 6-4 所示。

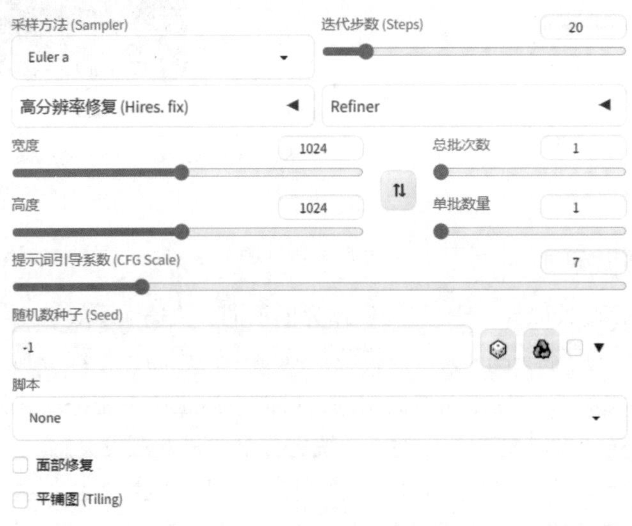

图 6-4　调整参数界面

4. 生成图片

单击生成区中的“生成”按钮，即可生成图片，生成的山水画如图 6-2 所示。

此处的示例图片没有特殊要求，4GB 显存的 GPU 即可生成。因个人计算机配置差异，等待时间一般在 3 ～ 20s，图片即可生成。注意，因为 AI 是随机生成图像，所以读者生成的图像会与图 6-2 不同，但与提示词的内容基本一致。

图片生成后，会自动保存至输出文件夹，如果找不到文件夹位置，可以单击图片展示区下方的文件夹按钮，直接打开保存的文件夹。

在如图 6-5 所示的生成区下方有 3 个常用的按钮，可以帮助我们实现某些快捷操作，方便且实用，下面进行简单介绍。

- 箭头：将提示词区域的提示词数据应用到对应的参数里。例如，在 Civitai 网站看到心仪图像，复制其图像生成数据（Copy Generation Data）到提示词区域，单击箭头后，SD-webUI 界面的各个参数将会调整其对应的参数（复制至反向提示词区域没有该效果）。
- 垃圾桶：清空 SD-webUI 界面所有的参数。
- 应用提示词：将预设样式里选中的模板应用到当前提示词之后，也可修改提示词。

图像展示区有 6 个常用的按钮，如图 6-6 所示，这些按钮可以帮助我们实现某些快捷操作，方便又实用，下面进行简单介绍。

- 文件夹：查看生成的图像。
- 保存：保存生成的 JPG 图像到指定的文件夹。
- 打包下载：下载批量的图像。
- 发送到图生图：将生成的图像发送到图生图。
- 发送到重绘：将生成的图像发送到图生图重绘处。
- 发送到后期处理：将生成的图像发送到后期处理。

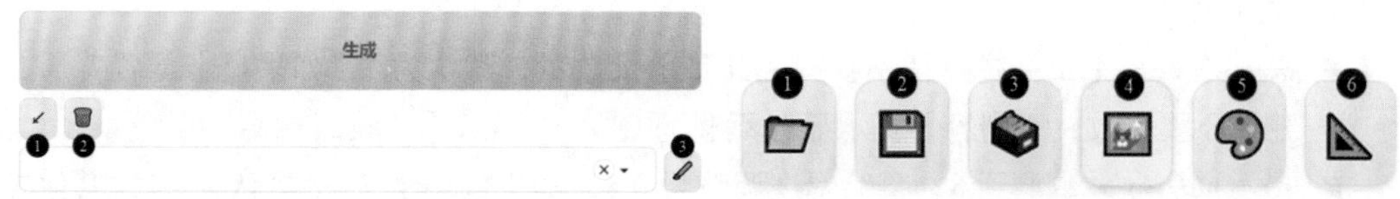

图 6-5　生成区　　　　图 6-6　图像展示区

6.3 图生图

本书 6.2 节中我们选择了菜单栏的“文生图”命令，让 AI 以文字为特征生成了一幅山水画。本节我们同样让 AI 以文字为特征生成一幅画，但是与 6.2 节的不同之处在于：选择一幅底图，用文字进行提示，让 AI 在底图上进行创作，即图生图。

在 SD-webUI 图生图的过程中，AI 会参考底图中的所有因素，再在其构图、色彩、背景等特征的基础上进行创作。下面以基于面包的图像特点生成手提包的图像为例，介绍图生图的具体操作细节。

1. 构思并书写提示词

选择一张底图作为参考。这里选择在 SD 中使用文生图生成的面包为底图，发送至图生图，以提示词 bag on the table 为例，进行下一步操作。

2. 选择模型

“Stable Diffusion 模型”选择 Stable Diffusion SDXL 正式版，“外挂 VAE 模型”默认选择 Automatic，CLIP 终止层数选择 2，如图 6-7 所示。

图 6-7　选择模型

3. 选择图片参数

在提示词区正下方的参数区，从左向右、从上向下，依次调整参数如下：

- 缩放模式为仅调整大小。
- 采样方法选择 DPM++ SDE Karras。
- 迭代步数调整为 20。
- 面部修复、平铺图默认不选择。
- 重绘尺寸：与原图像分辨率一致（可以单击旁边的三角尺按钮，自动检测图像尺寸）。
- 总批次数与单批数量默认不变（尤其是单批数量，默认为 1，如果显卡配置普通，建议不要修改，否则容易提示显存不够）。
- 提示词引导系数调到 8，重绘幅度调整为 0.5，随机数种子 Seed 默认为 –1，其他参数不变。

参数调整完成后，如图 6-8 所示。

4. 生成图片

底图与生成的图片对比效果如图 6-9 所示，可以发现，生成的包包吸取了底图面包的黄色特征及其形状和效果。

因个人计算机的配置差异,需耐心等待一段时间。图像生成后会自动保存至输出文件夹。

注意：示例图像由 AI 随机生成，如果读者生成的图像与图 6-9 不同则是正常的。基于图生图的上述操作，读者生成的图像特征一般会同时体现底图特征和提示词的需求。

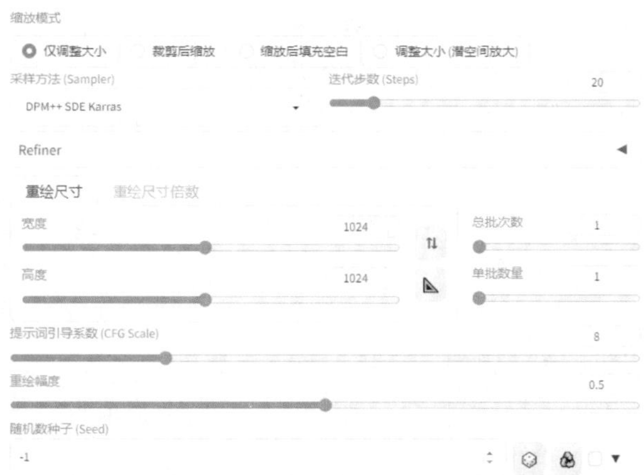

图 6-8　调整绘图参数

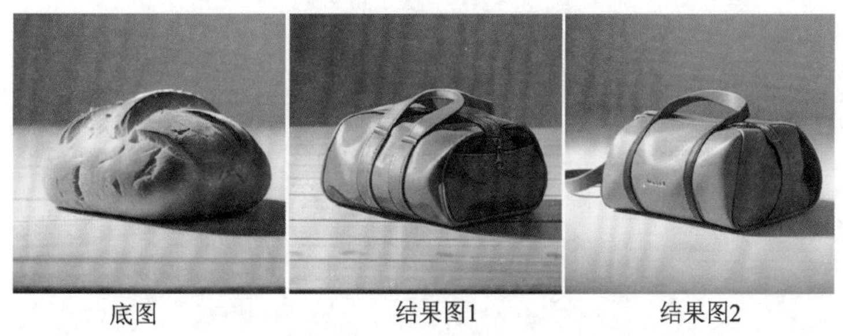

图 6-9　图生图效果（底图：面包，新图：包）

5. 报错处理与显存插件

建议原图像的高度或宽度为 64 的倍数。如果要求生成图像的分辨率与原图像的分辨率不一致或不是倍数关系，或者分辨率过高，则容易出现下面的错误提示：

NansException: A tensor with all NaNs was produced in VAE. This could be because there's not enough precision to represent the picture. Try adding --no-half-vae commandline argument to fix this. Use --disable-nan-check commandline argument to disable this check.

上面的提示是一个常见的报错，出现的原因很多，大部分情况下是显存不足。针对此错误提示的解决思路如下：

- 更换显存更高的配置。
- 降低或减小重绘尺寸、重绘尺寸倍数、重绘幅度、迭代步数或更改采样方法等。
- 显卡不支持半精度，可关闭半精度选项。将 launch.py 文件中的 commandline_args = os.environ.get（'COMMANDLINE_ARGS', " "）替换为 commandline_ args = os.environ.get（'COMMANDLINE_ARGS', "--no-half"）。

- 安装 Multi-Diffusion 与 Tiled VAE 插件。该插件通过分块绘制然后拼接的方式，可使低显存（4 ～ 6GB 显存）的 GPU 实现放大 2K、4K 甚至是 8K 的图像，摆脱了显存不足的困扰。

6.4 图像浏览

SD-webUI 默认提供的图片浏览功能体验较差，这里推荐安装无边图像浏览插件。在无边图像浏览中，可以查看之前生成的文生图、图生图图像或者本地图像，如图 6-10 所示。它提供了 SD-webUI 的图像本地保存地址。单击“使用 Walk 模式浏览图片”下方的“文生图”或“图生图”按钮，可以查看在 SD-webUI 中使用相应命令生成的图像。

图 6-10　无边图像浏览界面

单击“使用 Walk 模式浏览图片”下方的“图生图”按钮，可以看到本书 6.3 节刚刚生成的图像，如图 6-11 所示，其中有图像的缩略图、图像的提示词内容与生成参数。

选择一张图像并单击鼠标右键，可查看其生成信息，如图 6-12 所示，随后可进行下面两种操作。

- 复制提示词，将其粘贴至文生图与图生图的正向提示框里，单击生成区的箭头按钮，自动填充各个参数。
- 右键单击发送到文生图、发送到图生图等选项，SD-webUI 会自动更改当前图像的参数、提示词、模型，与上面的操作效果一样。

在无边图像浏览界面中，在“从快速移动启动”列表框中单击“新增”选项，输入目标文件夹的绝对路径后，可在 SD-webUI 里查看文件夹内的图片。

图 6-11　Walk 模式下的图生图界面

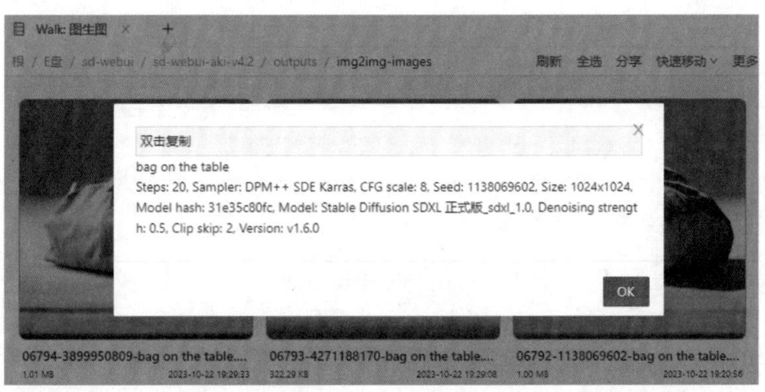

图 6-12　Walk 模式下的图生图图像的生成信息

6.5 参数详解

SD-webUI 中的参数众多，容易让用户眼花缭乱、无从下手。下面从共同参数、文生图参数和图生图参数 3 个方面分类讲解，并对重要参数进行演示和对比。

6.5.1 共同参数

这里主要介绍文生图和图生图两种绘图方式中都会涉及的参数，包括采样方法（Sampler）、迭代步数（Sampling steps）、面部修复（Restore faces）、平铺图（Tiling）与高分辨率修复（Hires.fix）、宽度与高度、总批次数、单批数量、提示词引导系数（CFG Scale）和随机数种子（Seed）等。

1. 采样方法

根据本书第 2 章扩散模型的原理，我们将降噪过程称为采样。扩算模型在生成图像时，会在潜在空间中根据提示词生成一幅添加了噪声的随机图像，然后使用噪声预测器估算图像噪声。将预测噪声去掉，可以获得接近提示词的图像。重复该过程多次，最终可获得去除噪声后的清晰图像。

去掉预测噪声的降噪过程可称为采样，不同的采样方法构成了不同的采样器（Sampler）。

目前，SD-webUI（1.6 版）提供了 30 种采样方法，如图 6-13 所示。虽然这些采样方法使用不同的方式求解扩散方程（执行降噪过程），但是在使用中发现，不同采样方法的最终图像差异通常比较小。换言之，仅从图像质量而言，采样方法的选择对最终结果的影响不大。

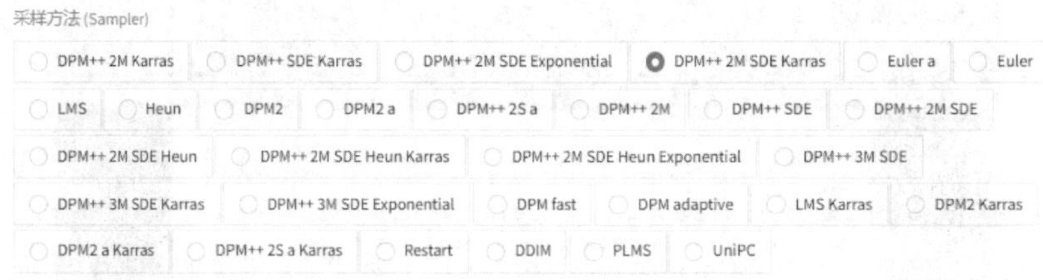

图 6-13 采样方法

下面按照采样方法的特点进行分类讲解。

- Euler：最简单的采样器，采样速度较快。Heun 是在 Euler 基础上的改进版，比 Euler 更准确但是较慢。
- 官方采样器：包括 DDIM 和 PLMS。其中：DDIM 质量较高，但速度较慢；PLMS 质量较低，但速度较快。这两种采样器正逐步被更高效的采样方法淘汰。
- 祖先采样器：包括 Euler a、DPM2 a、DPM++ 2S a、DPM++ 2S a Karras 等带 a 字样的采样器，生成图像的随机性较大。AI 绘画模型会选择性遵守提示词指令，使用 a 系列采样器生成的图像难以复现。
- DPM 系列：DPM2 比 DPM 成像更准确，但速度较慢。DPM++ 是 DPM 的改进版本，可以自适应迭代步数，但速度较慢。DPM++ 2M（2 阶多步采样）比 DPM++ 2S（2 阶单步采样）质量更高，同样牺牲了速度。DPM fast 的速度很快，但成像质量较差。DPM adaptive 可自适应步数。DPM++ 2M SDE 成像细节相对更加丰富。
- ++：带有 ++ 符号的采样方法，一般是在原采样方法基础上的改进算法。
- Karras系列：在原有采样方法基础上，增加了噪声时间表，一定程度上提高了质量。
- UniPC：于 2023 年发布，是目前最新、最快的采样方法，可以在很少的步骤下实现高质量图像生成，迭代步数取值区间为 10 ～ 30。

在实际使用中，如果电脑配置普通导致生产速度较慢、希望加快生成速度，或者特别在乎生成速度体验的用户，建议选择 Euler 采样器。对生成图像质量要求很高的用户，建议选择 DPM2 Karras 或 DPM++ 2M SDE Karras。如果对速度或质量都没有特殊要求，可以选择兼顾速度与质量、较为均衡的 DPM++ 2M（迭代步数取值区间为 20 ～ 30）。如果希望生成稳定、可重现的图像，应避免采用祖先采样器。

为生成满意的图像，使用不同的采样方法时，需要不同的迭代步数。一般来说，迭代步数越少、生成越快、图像质量越差；迭代步数越多、生成越慢、图像质量越好。用户可以在速度和质量之间进行权衡，根据自己的需求，尝试不同的采样方法进行绘制，图 6-14 展示了不同采样方法的效果对比。

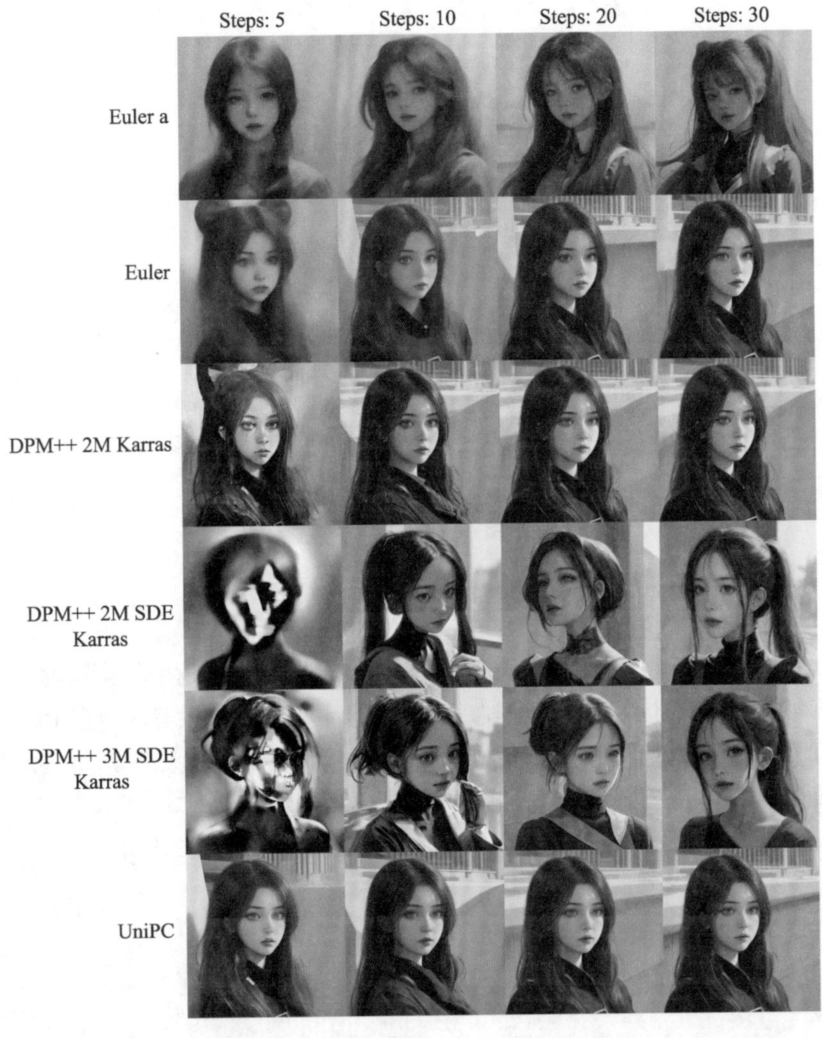

图 6-14　SD-webUI 部分采样方法对比图（提示词：1 girl）

采用生成 4 批次 512 × 768 图像作为测试任务，使用不同的采样方法测试完成任务的时间（来源为 https://post.smzdm.com/p/akk8zv5r/），结果如图 6-15 所示。由结果可知，在速度上，采样方法明显分为 4 个等级：DDIM 和 PLMS 最快，Euler 等次之，DPM adaptive 耗时最长，接近 Euler 的 4 倍。综合速度与质量，建议选择第②等级中的采样方法：Euler a、Euler、LMS、DPM++ 2M、DPM fast、LMS Karrast 和 DPM++ 2M Karras。

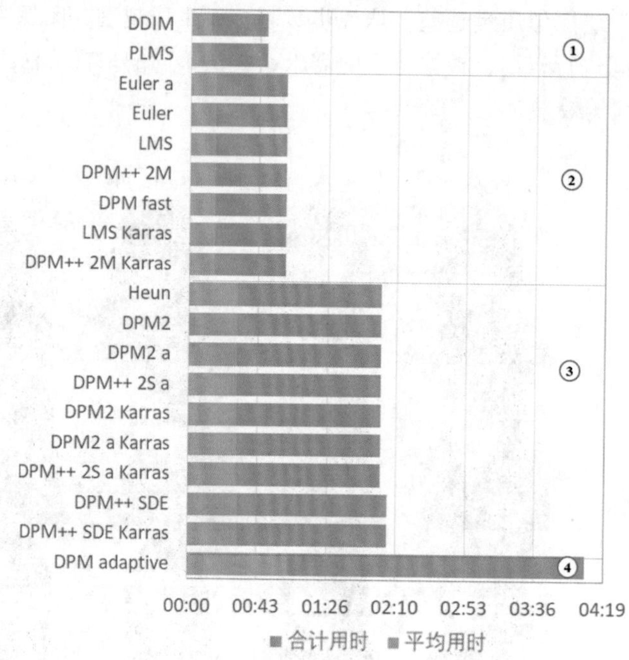

图 6-15 SD-webUI 采样方法耗时图

2. 迭代步数

如图 6-16 所示的参数可指定 Stable Diffusion 生成图像时所使用的迭代步数。迭代步数越大，计算量越大，出图速度越慢，图像质量一般会越高，建议设置区间为 10 ～ 50。不同采样方法需要的迭代步数不同，50 步以上的图像质量变化较小。大部分采样方法的迭代步数推荐取值为 20，即可获得较高质量的图像，如果觉得图像质量不好，可以再增加迭代步数。如图 6-17 展示了使用 Euler sampler 时，不同迭代步数对图像质量的影响。

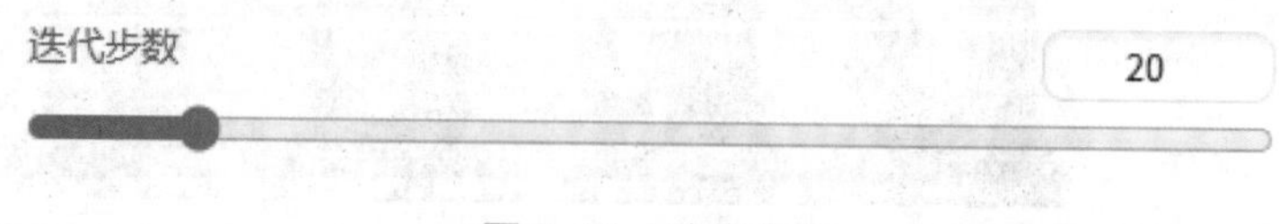

图 6-16 迭代步数

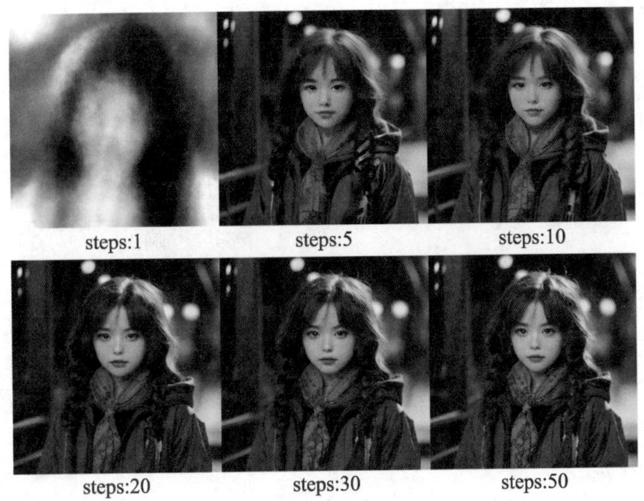

图 6-17　增加 steps 对图像质量的影响（Euler sampler）

3. 宽度与高度、总批次数、单批数量

1）高度与宽度

可设置生成图像的分辨率（以像素为单位）。设置的分辨率越高，图像越清晰，生成图像耗时越长，计算机配置要求越高。SD 使用 512 × 512 图像进行训练，生成图像时选择 512 × 512，会相对更容易生成高质量的图像。

我们可以根据具体需求，设置成其他尺寸。对于人物图像，建议采用 512 × 768 尺寸；对于风景图像，建议采用 768 × 512 尺寸。使用过宽的尺寸生成人像，会有一定概率出现怪异的效果，如人物可能会有两个头或者两个身体等。

2）总批次数与单批数量

一次生成的总图像数量 = 总批次数 × 单批数量。同一批生成的图像会以这一批的第一张图为基础生成，也可能是将这一批图像逐渐拼合在一起，大大提高了对算力的要求。在实际使用中，我们可以设置总批次数（Batch Count）来生成多张图像，然后在生成的图像里挑选符合预期的图像。如果计算机配置较好、GPU 显存较大，建议设置较高的单批数量（Batch Size）值，一次性处理更多的图像，从而加快运行速度。对于配置普通的计算机，建议设置较高的总批次数值，将单批数量默认为 1，如图 6-18 所示，以防止因一次处理的图像过多导致计算机显存溢出。

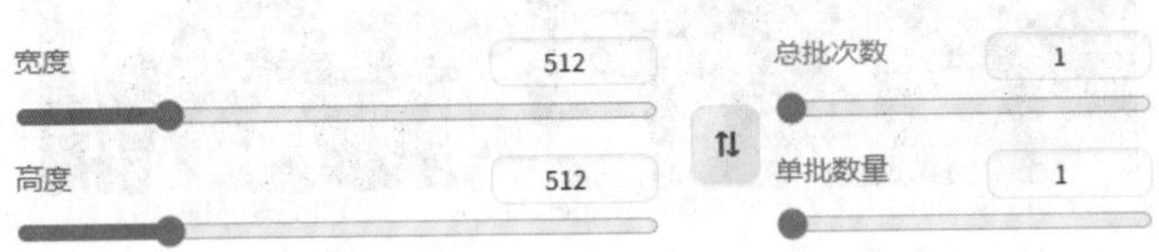

图 6-18　宽度、高度、总批次数和单批数量

4. 提示词引导系数

提示词引导系数（CFG Scale）可以调节正反向提示词对图像的影响程度。CFG Scale 不同取值的影响如表 6-1 所示。

表 6-1 CFG Scale 取值的影响

取　值	影　响
1	很有可能会忽略提示词的指令
3	偏向自由发挥，更有创意
7	在遵守提示词指令和自由发挥之间取得较好的平衡
15	基本遵守提示词指令
30	完全遵守提示词

如图 6-19 所示，提示词引导系数的数值越低，SD 生成的图像与提示词的相关性越低；反之，相关性就越高。建议数值在 7 ～ 12 之间。

图 6-19 提示词引导系数

以提示词：blurry, blurry_background, blurry_foreground, depth_of_field, bokeh, motion_blur, twin_braids, 1girl, braid, long_hair, solo, brown_eyes 为例，图 6-20 展示了提示词引导系数为 1 ～ 30 时，从忽略到完全遵守提示词的图像效果。

图 6-20 不同提示词取值对图像的影响对比

5. 随机数种子

随机数种子（Seed）可以设定图像的编号。相同的随机数种子将会产生与构图类似的图像，可以使用 Seed 参数指定。下面对图 6-21 中的参数进行解释。

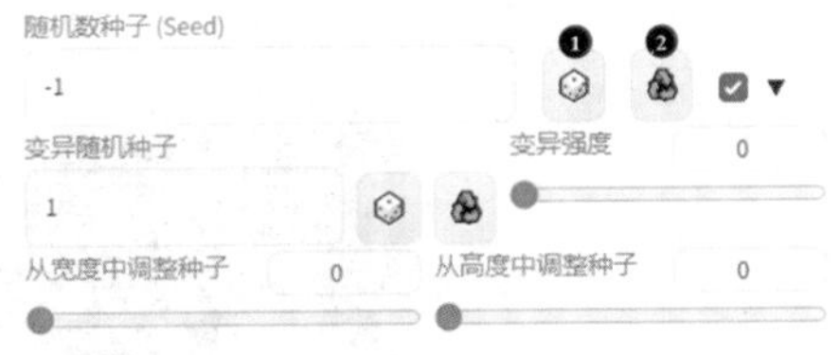

图 6-21　随机数种子

- 单击 按钮，使随机数种子变为 -1，此时 SD 模型生成图像的随机性较大。
- 单击 按钮，可以固定当前图像的标号，在当前固定编号关联的照片的基础上生成新的图像。
- 变异强度代表重新绘制的图像与当前图像的相似度，范围在 0 ～ 1 之间，数值越大，重绘程度越大。0 表示只使用种子值生成图像，1 表示只使用变异种子值生成图像，0 ～ 1 表示生成两者融合的图像。
- “从宽度中调整种子”与“从高度中调整种子”代表重新生成的图像分辨率大小。

为展示变异强度（Variation strength）的效果，分别将 Seed 的值设定为 1 ～ 100，其他参数完全相同，可以得到图 6-22。

图 6-22　变异强度示例图

如果想要生成处于两者之间的图像，需要勾选 按钮旁边的选项，将 Seed 的值设定为 1，将 Variation seed 设定为 100，在 0 ～ 1 之间调整变异强度的值，效果如图 6-23 所示。

可以看到，随着变异强度值增大，生成的图像逐渐从 seed=1 的图像过渡到 seed=100 的图像。

6. 面部修复和平铺图

1）面部修复

选择面部修复（Restore faces），如图 6-24 所示，可以避免人像的面部出现抽象、混乱或怪异的效果。众所周知，基于 SD 模型生成的人物，经常会遇到面部或眼睛发生畸形的情况，使用面部修复（应用于人脸的后处理方法）可以改善这些问题。

图 6-23　变异强度变化对比

在 SD-webUI 中选择“设置”选项卡，再选择“面部修复”选项，可以看见 CodeFormer 与 GFPGAN 两个面部修复模型。在模型下面可以修改对应的模型权重，更改如图 6-25 所示的权重会改变面部修复模型对图像中人物面部的影响程度。当权重为 0 时，影响程度最高、效果最强；权重越大，影响程度越低、效果越弱。

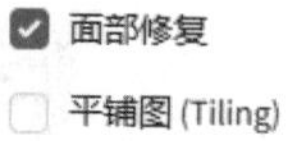

☑ 面部修复

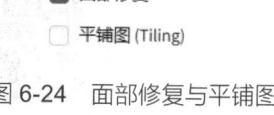

☐ 平铺图 (Tiling)

图 6-24　面部修复与平铺图

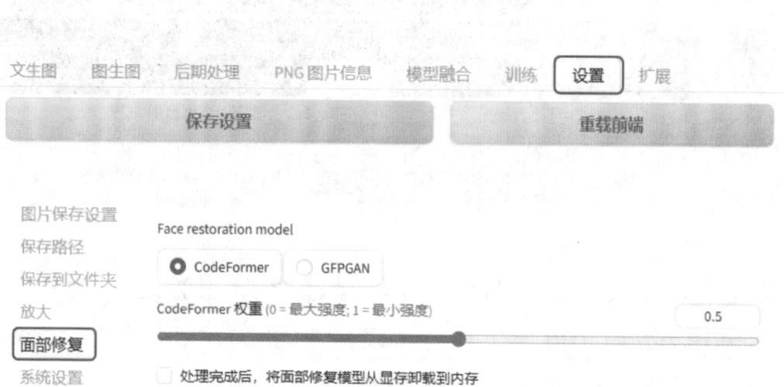

图 6-25　修改面部修复的参数

面部修复可以显著降低图像中出现面部异常的概率，但此功能会占用额外的显存，因此建议不使用的时候及时关闭。

另外，面部修复会导致使用的 LoRA 模型损失角色或风格特征，并且对面部较小或很丑的人脸几乎没有修复效果，因此建议根据个人实际情况勾选该选项。

如图 6-26 所示为面部修复的效果对比。

图 6-26　开启（右图）与不开启（左图）面部修复对比

2）平铺图

选择平铺图（Tiling），可以使生成的图像在水平和垂直方向上无限重复拼接。

用提示词：moss on rocks（苔藓在岩石上）生成图片，开启平铺图的功能，将 4 张相同的图像拼接起来就可以得到图 6-27。

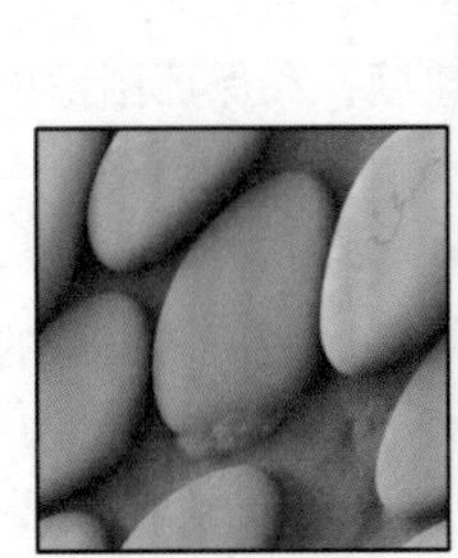
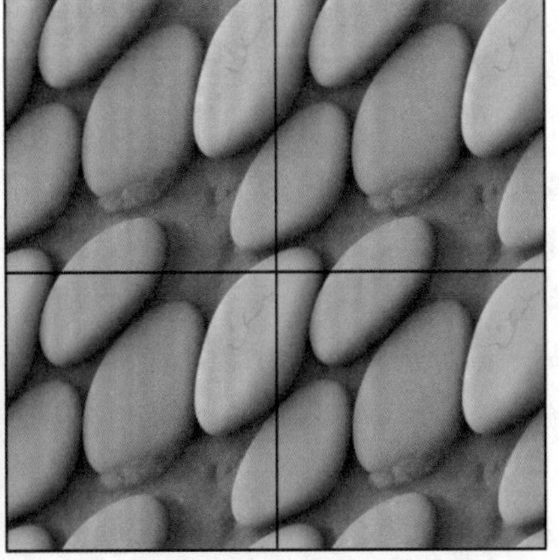

图 6-27　平铺图效果展示（为体现效果添加了分割线）

图像拼接可以在水平和垂直方向上呈现出周期重复的效果。相邻图像无缝衔接，连续平铺（类似于带花纹的地板砖搭接平铺）。

6.5.2 文生图参数

除了共同参数外，文生图也有自己的参数，下面将要介绍的参数有：高分辨率修复（Hires. fix）、放大算法（Upscaler）和放大倍数（Upscale by）。

1. 高分辨率修复

高分辨率修复界面如图 6-28 所示。

图 6-28 高分辨率修复界面

在 SD-webUI 中，使用 SD v1.5 等旧模型时，原始图像的分辨率一般采用 512 × 512 的尺寸（使用 SDXL 1.0 可以直接生成 1024 × 1024），如果放大为 1080 × 1920 进行显示，则会模糊不清。高分辨率修复选项能够提高原始图像的分辨率，在扩大图像尺寸的同时，会自动优化填充模糊失调的细节，进而达到不改变图像内容的同时将图像放大为高分辨率图像的目的。这是在设计 SD 模型的时候，为了提高图像生成速度而采用的折中方案。直接生成高清图像，需要较多显存和极长的生成时间。先用 SD 模型快速生成低分辨率的小图像，然后使用高分辨率修复进行高清放大，显著提高生成速度，在保证图像内容完整性的同时明显提高图像的质量。

图 6-29 是开启了高分辨率修复功能的细节对比。

可以发现，图像的像素感消失了，人物皮肤也变得更加平滑，失调的面部正常了，图像质量明显提升。

1）高分迭代步数

进行高分辨率修复时需要设定高分迭代步数（Hires steps）。迭代步数越大，生成效果越好。如图 6-30 展示了在出现畸形的原图上进行高分辨率修复的对比效果：当迭代 10 步时，面部修复正常，但手指少一根；当迭代 30 步时，面部修复正常，手指接近正常。

2）重绘幅度

我们通过对比来体验一下重绘幅度（Denoising strength）的效果。固定这些参数：放大倍数为 2，Upscaler 为 latent，upscale steps 为 15。将 Denoising strength 的值从 0 调大到 1.0，结果如图 6-31 所示。

图 6-29 高分辨修复效果对比（左边未开启，右边为开启）

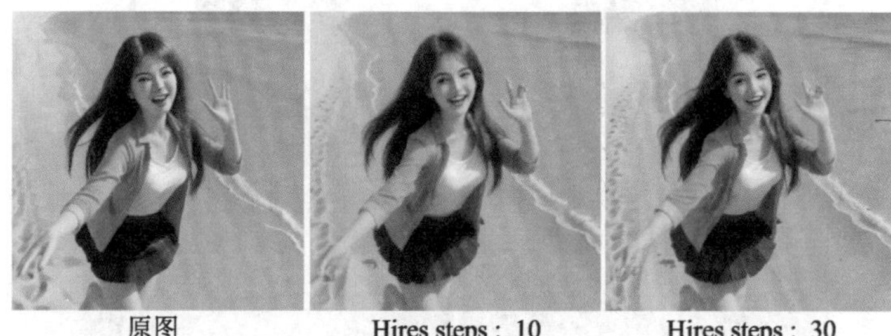

图 6-30 高分迭代步数变化对比

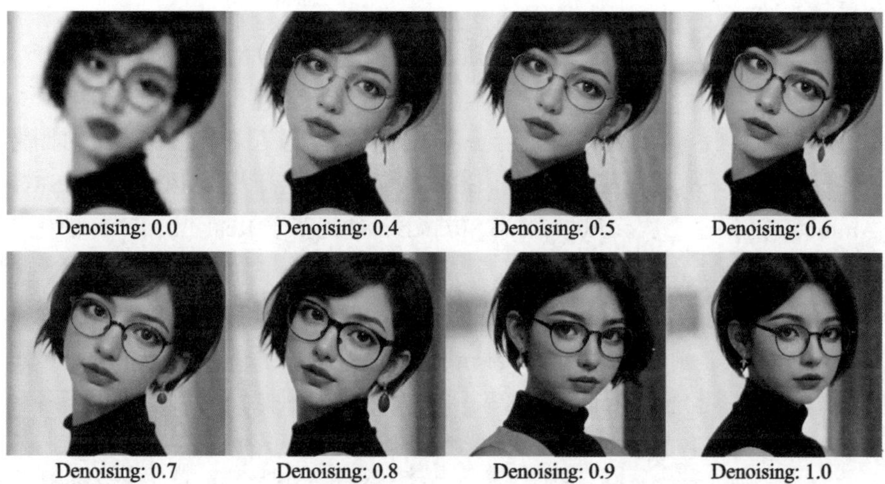

图 6-31 重绘幅度变化对比

从对比图 6-31 中可以发现，当 Denoising strength 小于 0.5 时图像不够清晰；当 Denoising strength 大于 0.8 时，会改变原图的内容。建议 Denoising strength 的取值在 0.5 ～ 0.8 之间，可以在保持原图内容的同时，使图像足够清晰。注意，此处的重绘与图生图重绘的应用场景差别较大，此处主要用于将图像高清化，对底图的改变幅度较小。

2. 放大算法

放大算法是对原图像重绘时使用的放大技术，SD-webUI 中提供了多种算法进行选择。

- Latent：显存消耗比较小，一般情况下可得到良好的效果。在重绘幅度（Denoising strength）低于 0.5 时，使用该算法会使图像变得模糊，因此仅适用于重绘幅度高于 0.5 的情况。从图 6-32 中可以观察到，使用 Latent 算法后，面部细节中的像素感消失，皮肤细腻，发丝清晰。

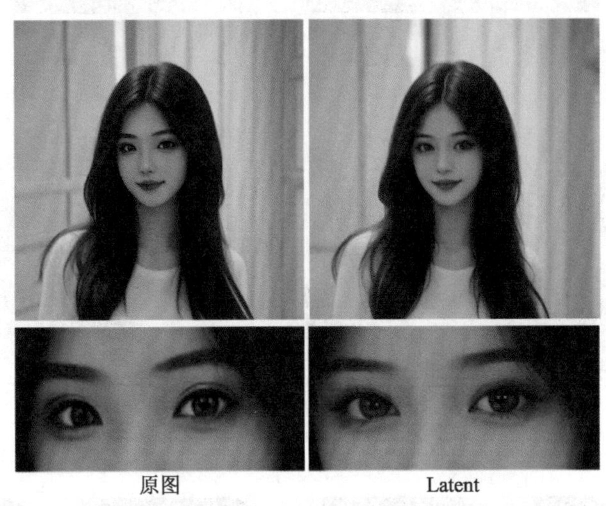

图 6-32　使用 Latent 算法补充面部细节

- ESRGAN 系列：该系列算法完全使用纯合成数据逼近真实数据，可对图像进行超分辨率增强，效果较好。其中：ESRGAN 4x 适用于写实风格；R-ESRGAN 4x+ Anime6B 适用于二次元风格；R-ESRGAN 4x+（基于 Real ESRGAN 的优化模型）适用于所有风格。
- Lanczos、Nearest、BSRGAN、LDSR、ScuNET、ScuNET PSNR、SwinIR_4x：由于这些放大算法差别不大，下面不再分别做细节对比。

在图 6-33 中，左上角（None）是未采用放大算法的图像，其后是使用了各种放大算法的图像。可以发现，各类放大算法都能起到提升图像画质的效果，差别不大。在实际使用中，由于 Lanczos 属于简单的插值算法，不能补充图像细节，所以不推荐使用。Latent、R-ESRGAN4x 和 R-ESRGAN 4x+ 等算法可以补充图像细节，并且实际使用效果较好，推荐使用。

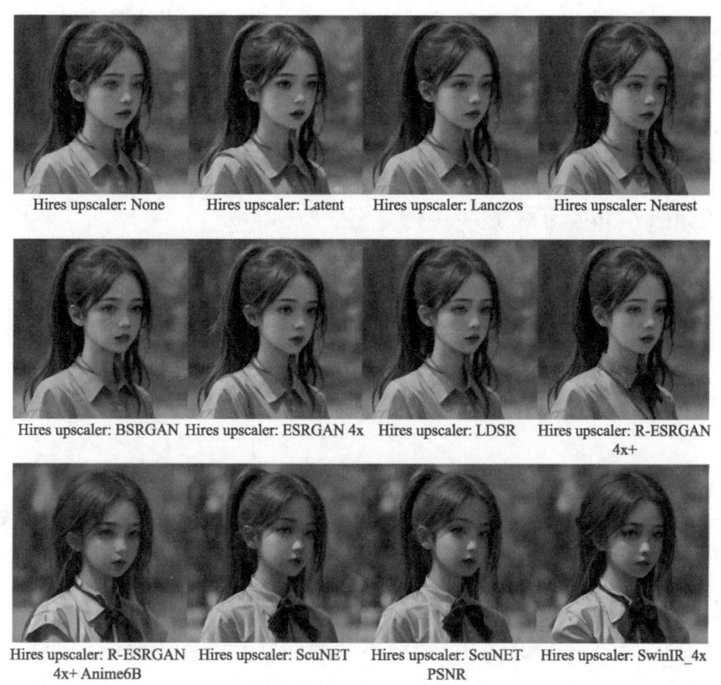

图 6-33　放大算法对比

3. 放大倍数

放大倍数可设定新生成的图像与原图像之间的分辨率倍数。例如，原图像的分辨率为 512 × 512，如果放大倍数为 2 倍，则新图像的分辨率为 1024 × 1024，如图 6-34 所示。在高分辨率旁会显示原图像与新图像分辨率的关系。

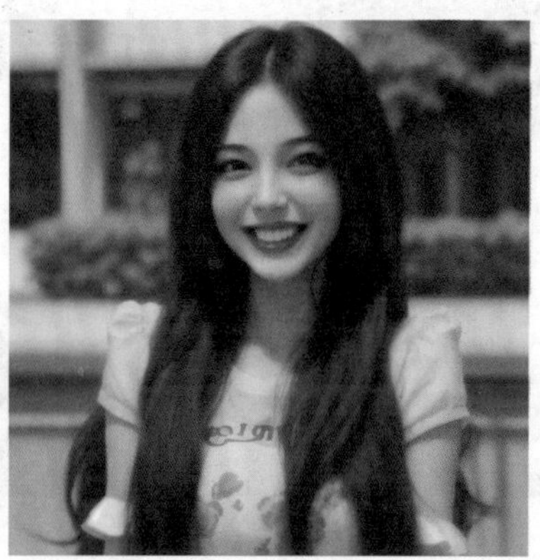

图 6-34　分辨率放大 2 倍（左图为 512 × 512，右图为 1024 × 1024）

6.5.3 图生图参数

除了共同参数外，图生图也有自己的参数，下面将要介绍的参数有：缩放模式、重绘尺寸倍数、重绘幅度和放大算法。

1. 缩放模式

缩放模式（Resize mode）是图生图命令下特有的参数，其有 4 个选项，如图 6-35 所示，下面通过对比（如图 6-36 所示）逐一进行介绍。

图 6-35 缩放模式选项

- 仅调整大小（Just resize）：将图像大小调整为目标分辨率；重绘尺寸或比例应与原图一致（可从重绘尺寸命令旁查看原图的比例）。如果比例不一致，则会使新图像在原图长或宽的基础上出现拉伸或缩短，使图像发生扭曲。当然，如果重绘幅度大，模型自动调整生成内容，扭曲感不一定会出现。
- 裁剪后缩放(Crop and resize)：裁剪多余的部分，缩放生成图像的大小至合理尺寸。
- 缩放后填充空白（Resize and fill）：将整个图像调整至目标尺寸内，用图像的颜色填充空白区域。
- 调整大小 / 潜空间放大（Just resize /latent ipscale）：与仅调整大小效果类似，会使图像失真。

图 6-36 缩放效果对比

2. 重绘尺寸倍数

重绘尺寸倍数（Resize by）选项可设定生成的图像与原图像分辨率的倍数。如图 6-37 所示，原图为 1，当倍数指定为 0.5 和 1.2 时，生成的图像出现了等比例缩小和放大的效果。

图 6-37　重绘尺寸倍数对比

3. 重绘幅度

重绘幅度越大则与原图像相差越大；反之，重绘幅度越小，则与原图像相差越小，如图 6-38 所示。当重绘幅度为 0 时，原图像不改变。如果不想让图像改变过大，建议选择重绘幅度为 0.3 ～ 0.5。

图 6-38　重绘幅度对比

4. 放大算法

同文生图参数一样，图生图也有放大算法（Upscaler）。在 SD-webUI 的“设置”标签的左侧栏中找到“放大”选项，如图 6-39 所示，可以看见，“图生图放大算法”下拉列表框的默认选项是空的，我们可以根据需求选择放大算法。

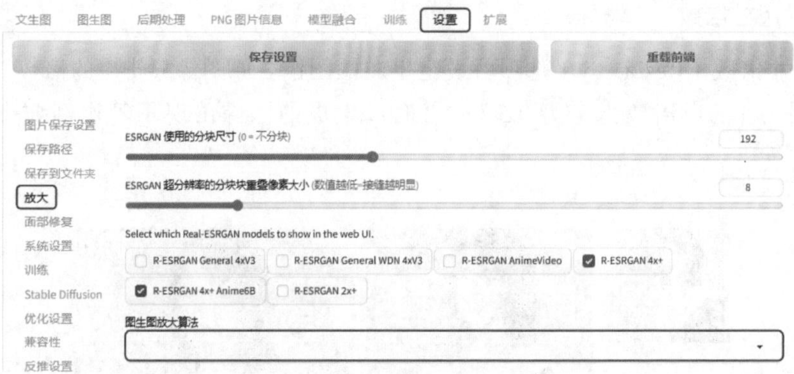

图 6-39　设置图生图放大算法

图生图放大算法的效果可以参考本书 6.5.2 小节的内容，这里不再赘述。

第 7 章 图生图高级技巧

在第 6 章中，我们使用大量案例介绍了基于 SD-webUI 的文生图、图生图过程及其参数。学习完第 6 章的基础教程后，本章我们进一步学习图生图的高级技巧：放大与重绘。

7.1 放大与后期处理

使用图生图中的放大（SD upscale）功能，可以增加图像的分辨率，达到高清的效果。在本书 6.5.2 小节中，我们介绍了高分辨率修复，它和放大的效果一样。但是高分辨率修复仅限于在文生图界面使用。本节将介绍如何在图生图界面中使用放大功能以及图像后期的处理技巧。

7.1.1 放大

在图生图界面中（如图 7-1 所示），在“脚本”下拉列表框中选择 SD upscale 选项，实现图像细节放大功能。

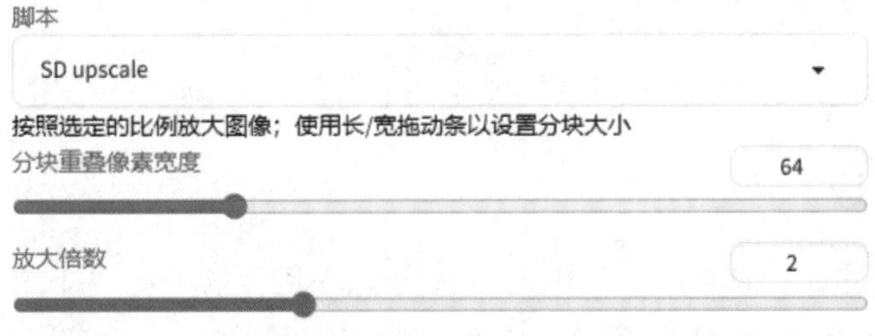

图 7-1 选择 SD upscale 选项

1. 参数详解

分块重叠像素宽度：每一块区域与另一块区域重叠部分的宽度。

放大倍数：将图像分辨率呈倍数放大。需要注意的是，在图生图中，当重绘尺寸与重绘倍数两个参数放大的分辨率，小于通过 SD upscale 放大的分辨率时，重绘尺寸与重绘倍数无效，生成的图像分辨率以 SD upscale 为主；反之，则进行简单的图生图过程，不进行放大。

2. 使用过程与效果

SD upscale 功能是将一张图像分成多块区域，每块区域单独绘制细节，最后将各区域粘合起来得到生成的图像，区域之间有重叠，可以避免图像在粘合处不协调。

下面进行过程演示的具体说明。

（1）选择底图。可以在无边图像浏览插件里选择一张图像，一键发送至图生图（直接应用参数），或者选择本地图片，再选择想要的参数。

（2）参数选择。打开图生图界面，“脚本”选择 SD upscale，“分块重叠像素宽度”选择 80，“放大倍数”选择 3，放大算法选择“R-ESRGAN 4x+”（注意，需要控制重绘幅度、重绘尺寸和重绘尺寸倍数等变量，减少其对新图像的影响），重绘幅度选择 0.3 ～ 0.5。

图像展示如图 7-2 所示。

图 7-2　SD upscale 效果

SD upscale 所使用的放大算法可参考文生图中高分辨率修复放大算法。

7.1.2　后期处理

后期处理（Extras）可提升已有图像的像素，改善图像的质量。对于需要进行后期处理的图像，可以在无边图像浏览插件里一键发送图像至后期处理，也可以直接拖曳图像到图像框里。

下面对后期处理涉及的参数逐一进行讲解。

- 缩放倍数：缩放比例范围为 1 ～ 8，与放大倍数类似。放大倍数默认是放大 4 倍，如 512 × 512 的图片放大的尺寸为 2048 × 2048。
- 缩放到：可以修改图像的分辨率，将图像放大或缩小至某个设定的尺寸。默认勾选“裁剪以适应宽高比”复选框，如图 7-3 所示。如果设置的缩放分辨率与原图像的分辨率不同，则会自动裁剪原图像以适应设置的分辨率。

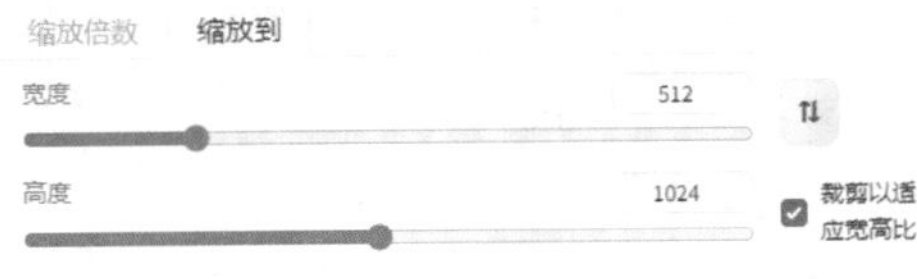

图 7-3　后期处理参数 1

例如，原图像的分辨率为 512 × 512，将新图像的分辨率调整为 512 × 1024，勾选“裁剪以适应宽高比”复选框后，图像会按照原图像的分辨率放大，然后裁剪原图像以适应设置的分辨率。如果不勾选“裁剪以适应宽高比”复选框，则新图像会从宽度与高度值中取大值，新图像分辨率调整为 1024 × 1024，如图 7-4 所示。

图 7-4　勾选“裁剪以适应宽高比”复选框效果对比

- Upscaler1、Upscaler2：用于选择放大算法（默认为 None，如图 7-5 所示）。在后期处理中允许同时使用两种算法修复图像。其中，Lanczos 和 Nearest 已经过时，效果一般，ESRGAN、R-ESRGAN、ScuNET 和 SwinIR 是 AI 放大模型，经常使用，效果较好。可以下载更多超分放大模型（网址为 https://upscale.wiki/wiki/Model_Database），放在 stable-diffusion-webUI\models\ESRGAN 目录下即可使用。

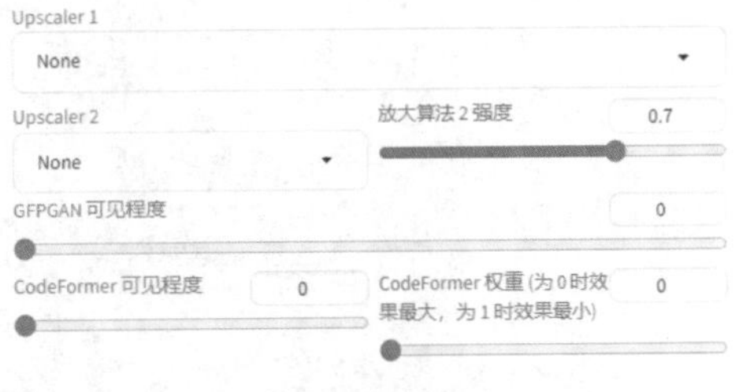

图 7-5　后期处理参数 2

- 放大算法 2 强度：放大算法 2 对图像的影响程度。当两个放大算法同时使用时，如果将放大算法 2 的强度设置为 1，则 Upscaler2 对图像放大起全部作用。相反，当放大算法 2 的强度设置为 0 时，Upscaler1 对图像放大起全部作用。

- GFPGAN 可见程度：脸部修复模型，能够对人物的脸部进行修复。该值设定得越大，则效果越强。建议在人物脸部比较模糊的时候使用。
- CodeFormer 可见程度：脸部修复模型，设定的值越大则效果越强。两个脸部修复模型可以只使用一个。
- CodeFormer 权重：调整 Codeformer 的权重。当 CodeFormer 权重为 0 时效果最强，为 1 时效果最弱。

后期处理提供批量处理与文件夹批量处理两种方式，批量处理可以选择多个图像文件，文件夹批量处理则是对文件夹里的所有图像文件进行处理（输入文件夹地址即可）。

7.2 涂鸦与重绘

本节主要讲解图生图的进阶使用——涂鸦与重绘。图生图的过程本身就是重绘，一般是对底图进行全局重绘。通过涂鸦和重绘功能，可以对蒙版区域（Mask）进行选择性局部重绘。下面介绍图像的局部重绘与涂鸦重绘。

7.2.1 涂鸦

上传一张空白底图后，使用鼠标画笔在上面涂鸦，SD 会根据画的内容生成相应的图像。例如，画一幅有树林、蓝天、花和房子的涂鸦，输入提示词：a wooden house in the forest, blue sky, greeen trees, flowers around the house，生成的图像如图 7-6 所示。

图 7-6　涂鸦房子

7.2.2　局部重绘

局部重绘（Inpaint）是在不改变整体图像构图的情况下，对图像的某个区域进行重新生成。在需要局部重绘的地方使用画笔涂抹，绘制蒙版区域，然后选择对蒙版或者非蒙版区域进行重绘，重新生成一张新的图像。

局部重绘的画笔只能设置大小，不能选择颜色。在下例中，将女孩的黑色头发用画笔涂鸦蒙版，重绘生成黄色头发，如图 7-7 所示。

图 7-7　局部重绘效果展示

1. 蒙版的基础用法

在图像处理中，蒙版可以用于执行各种操作，如图像分割、目标检测、边缘检测和图像合成等。蒙版选项设置界面如图 7-8 所示。在局部重绘过程中，蒙版通常被用来掩盖需要处理的区域或掩盖不需要处理的区域。

图 7-8　蒙版选项

- 蒙版边缘模糊度：控制 SD 重绘内容和未被重绘内容的融合程度，使交接部分不生硬并衔接得更顺滑自然，如图 7-9 所示。蒙版边缘模糊度的取值范围是 0 ～ 64，默认值是 4。蒙版模糊度越高，融合程度越好。如果蒙版模糊度过高，重绘的范围将变小，如果蒙版模糊度过低，在 SD 中重绘生成的图像，蒙版的边界处会显得比较生硬。蒙版模糊度需要根据蒙版区域大小和过渡效果反复调试，一般情况下使用默认值即可。下面以涂鸦重绘绿色来展示蒙版边缘模糊度不同参数值的效果。
- 蒙版模式：“重绘蒙版内容”是只重绘蒙版区域；“重绘非蒙版内容”是重绘非蒙版区域。
- 蒙版区域内容处理：包括填充、原图、潜空间噪声和空白潜空间选项，效果对比如图 7-10 所示。

- 填充：与底图蒙版内的元素没有任何关系，按照提示词可以自由发挥。
- 原图：受限于蒙版内的元素，结合提示词和蒙版内的元素进行创作。
- 潜空间噪声：自由发挥，不受限于原图元素，细节更加丰富。
- 空白潜空间：自由发挥，比“填充”选项的效果略丰富。

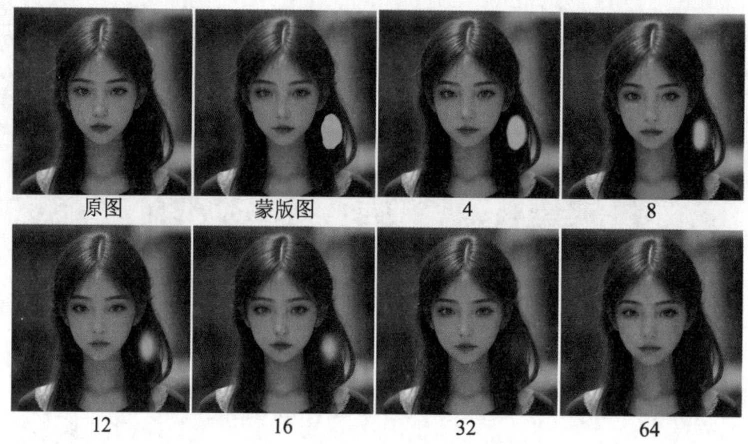

图 7-9　不同边缘模糊度对比

图 7-10　蒙版区域内容处理的 4 种方式

- 重绘区域：包括整张图片和仅蒙版区域两个选项，效果对比如图 7-11 所示。
  - 整张图片：对整张图像进行重新绘制。
  - 仅蒙版区域：仅对图像蒙版区域（用画笔涂抹）进行重新绘制，其他地方不影响。
- 仅蒙版区域下边缘预留像素：参考蒙版区域和周围的图像，拼接过渡边缘附近的像素值，以使拼接蒙版与原图像的边缘更加平滑，重绘蒙版越大可适当增加该数值。仅蒙版区域下边缘预留像素的取值范围为 0 ～ 256，默认为 32，数值越低，与原图的贴合度越低；数值越高，和原图的贴合度就越高。以图 7-9 在女孩头发涂上绿色蒙版作为原图，更改不同的仅蒙版区域下边缘预留像素的值，得到的效果如图 7-12 所示。

图 7-11　重绘区域效果对比

图 7-12　仅蒙版区域下边缘预留像素取值对比

2. 重绘脸和手

SD 模型在生成图像时经常会出现面部崩坏的情况，多数情况是因为 AI 在生成面部的时候，像素不够，导致面部细节过于粗糙。在局部重绘中选择“仅蒙版”，可用于修复 AI 绘画中饱受诟病的面部扭曲和手部畸形问题。当然，如果希望修改人物表情或外观，使用局部重绘也能获得满意的效果，下面以重绘小女孩面部表情（改为笑脸）为例进行演示。

（1）发送底图。我们在无边图像浏览插件里选择需要修复面部的图像，一键发送至局部重绘。

（2）选择图片参数。在正向提示词文本框中输入提示词：masterpiece, best quality, Pretty face。在提示词区正下方的参数区，从左往右、从上向下依次调整参数，如图 7-13 所示。

- 缩放模式：选择“仅调整大小”。
- 蒙版边缘模糊度：设置为 10。
- 蒙版模式：选择“重绘蒙版内容”。
- 蒙版区域内容处理：选择“原图”。
- 仅蒙版区域下边缘预留像素：设置为 100。
- 迭代步数（Steps）：选择 30。
- 采样方法（Sampler）：选择 DPM++ 2S a Karras。
- 重绘幅度（Denoising）：0.9。

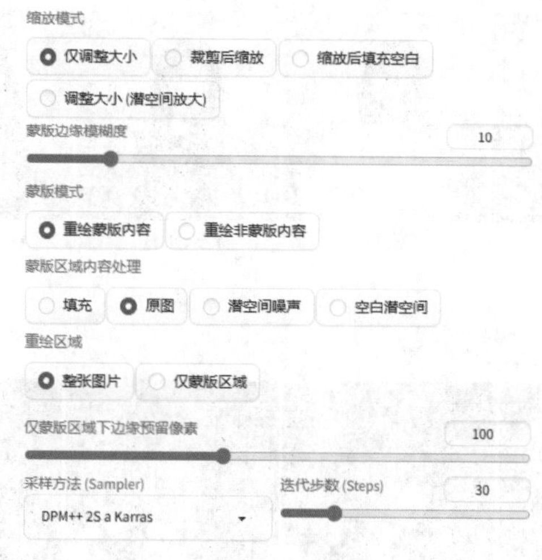

图 7-13　设置重绘参数

（3）生成图像。生成的图像如图 7-14 与图 7-15 所示。如果生成的图像不理想，可以修改参数，尝试更好的效果。

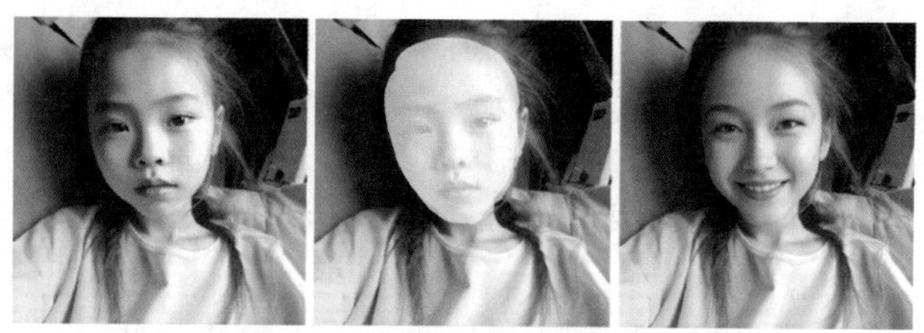

图 7-14　面部重绘

图 7-15　手部重绘（效果不好）

7.2.3　涂鸦重绘

在 SD-webUI 图生图中，我们可以在图片上进行涂抹，然后在涂抹区域重新生成内容，未涂鸦区域也会基于指定的重绘幅度进行调整。

通过涂鸦框旁的调色盘，可以改变画笔的颜色，如图 7-16 所示。为了方便使用涂鸦这个功能，可利用调色盘里的汲取器，选取图像的某处颜色供画笔使用。调色盘上方提供了编辑按钮，可以实现撤回、擦除涂鸦、清除框内图片、调整画笔大小和修改画笔颜色等功能。

图 7-16　调色盘（右下角分别为调色盘与编辑按钮）

涂鸦重绘和局部重绘的原理相似，但增加了蒙版透明度和画笔调色盘两个功能。

选择无边图像浏览工具中的一张少女图像，一键发送至图生图（直接应用参数），单击图生图下方的涂鸦按钮，涂鸦支持多种颜色混合使用，并且可以根据颜色智能识别出相近的元素进行绘制。例如，将少女的白色上衣涂上绿色，重新生成的图像如图 7-17 所示。

图 7-17　涂鸦改换背景

涂鸦重绘功能和局部重绘功能几乎一样，参数基本相同，读者可参考局部重绘对相关参数的介绍。但涂鸦重绘中增加了“蒙版透明度”选项。蒙版透明度的值越大，涂抹色块区域遮挡程度就越高，受到 AI 重绘的影响程度越低。当透明度值大于 60 时，涂鸦蒙版的预处理效果基本消失，此时，AI 无法识别蒙版遮挡的内容，不会重绘，反而会与背景进行融合。

7.2.4 上传重绘蒙版

在 SD-webUI 中，涂鸦、局部重绘和涂鸦重绘的蒙版用画笔进行涂抹制作，蒙版线条粗糙、简单。使用 Photoshop 或者其他专业工具制作蒙版，能使重绘区域更加精确。上传重绘蒙版可以保护底图不受影响。

在 SD-webUI 中上传重绘蒙版，如图 7-18 所示，使蒙版图像与原图像分开。AI 对蒙版图像进行重绘，然后将重绘图像的蒙版区域与原图像重合，可以达到不改变人物而更换背景的完美效果。但是这样做，有可能会导致重绘背景与人物衔接处不协调。

图 7-18　上传重绘蒙版

第3篇

AI 绘画高级技术

第 8 章 ControlNet 详解

通过提示词文生图或者底图生图的引导，SD 模型可以生成与引导内容接近的图像。但 SD 模型生成的图像具有较高的随机性，即使批量生成也不一定能挑选出令人满意的图像。我们希望能够在一定程度上精确控制图像生成的内容，使 AI 绘画更高效、更精准。

Lvmin Zhang 等人在 2023 年 2 月发表的论文 *Adding Conditional Control to Text-to-Image Diffusion Models* 中，提出了一种可以控制 SD 模型绘图内容的方法 ControlNet。在 webUI 中使用 ControlNet 插件，可以帮助我们精细地控制生成图像的各个方面，包括构图、人物姿势甚至图片色彩等，大幅提升了生成图像的可控性。

下面将详细介绍 ControlNet 的控图功能。由于控图功能过多，为限制篇幅，此处不介绍其操作过程，仅展示其效果帮助读者快速理解其功能。具体操作过程见本书配套的电子资料中对应的视频教程。

8.1 安装与使用

很多 SD-webUI 中默认已安装 ControlNet 插件，不需要用户下载和安装。如果已经安装 ControlNet 插件，可以在文生图或者图生图的脚本中找到该插件。如果文生图或图生图下方的预处理器和模型为 None，则说明 SD-webUI 中没有 ControlNet，可以参考下面的安装方法。

1. 安装 ControlNet 插件

（1）打开 SD- webUI，在菜单栏中单击“扩展”（Extension）按钮。

（2）单击从网址安装（install from URL）。

（3）在扩展的 Git 仓库网址中输入 https://gitcode.net/ranting8323/sd-webui-controlnet，

单击安装按钮开始安装。

（4）安装成功后，重启 SD-webUI。

2. 安装 ControlNet 模型

此时只有 ControlNet 插件还无法正常运行，还需要下载搭配使用的 ControlNet 模型。

（1）进入网址 https://huggingface.co/lllyasviel/sd_control_collection/tree/main。

（2）下载以 .pth 结尾的文件，可以全部下载，也可以按需要下载。

（3）把下载好的模型移动到 stable-diffusion-webUI\extensions\sd-webUI-ControlNet\models 路径下。

3. ControlNet 更新

目前，ControlNet 的最新版本为 V1.1.4，如果读者还没升级到该版本，可以从下面任选一种方法进行升级，如图 8-1 所示。

方法一：使用扩展功能检查更新

（1）在 SD-webUI 菜单栏中单击“扩展”按钮。

（2）在弹出的扩展页面中勾选 ControlNet 插件，单击“检查更新”按钮。

方法二：直接从 Git 上下载最新的版本

（1）进入 \stable-diffusion-webUI\extensions\sd-webUI-ControlNet 路径。

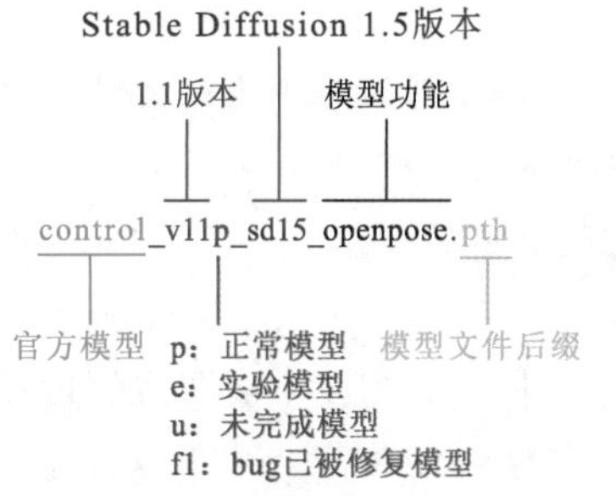

（a）ControlNet 模型版本的命名规则

« extensions › sd-webui-controlnet

（b）SD-webUI 的 ControlNet 路径

图 8-1　ControlNet 版本与安装路径

（2）在路径文本框中输入 cmd，弹出 cmd 面板，如图 8-2 所示。

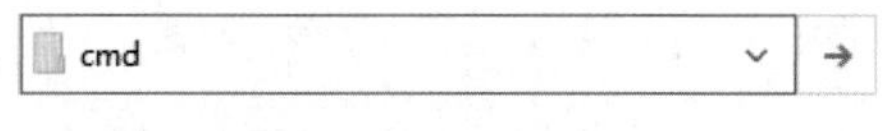

图 8-2　cmd 面板

（3）在 cmd 面板中输入 Git pull 命令即可（Git pull 命令的作用是：取回远程主机某个分支的更新，再与本地指定分支合并）。如果 SD-webUI 安装在 D 盘，可以输入 D:\sd-webui-aki-v4.21sd-webui-aki-v4.2\extensions\sd-webui-ControlNet>Git pull1。

4. 安装预处理器模型

（1）预处理器模型一般会在使用的时候自动下载。但有时候由于网络原因，经常导致下载报错，此时需要进行手动下载。根据下载报错信息，复制下载链接，一般为 https://HuggingFace.co/lllyasviel/ControlNet/resolve/main/annotator/ckpts/upernet_global_small.pth。

（2）将下载链接粘贴在浏览器中进行下载。

（3）将下载的模块移动到报错信息中指定的路径下即可，一般为 D:\AI-stable-diffusion-web\extensions\sd-webui-ControlNet\annotator\downloads\uniformer\upernet_global_small.pth。注意，每个人安装 SD-webUI 的路径不一样。

（4）如果想一次性下载所有的预处理器模型，可使用链接 https://HuggingFace.co/lllyasviel/Annotators/tree/main。

5. 安装成功后的界面

成功安装 ControlNet 插件之后，我们来了解一下 ControlNet 的界面。

首先是图像框右下方的 4 个按钮，如图 8-3 所示。

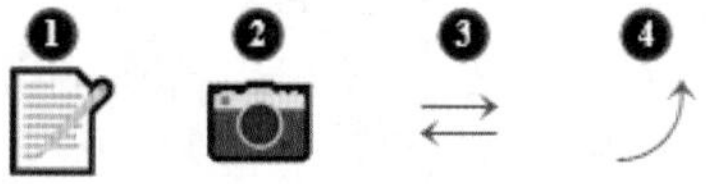

图 8-3　ControlNet 的 4 个按钮

按钮：创建新画布，可以在画布上作画，画笔的颜色只有黑色。

按钮：打开计算机的摄像头进行拍照并上传至图像框。

按钮：反转摄像头。

按钮：将 ControlNet 内上传的图像的分辨率（宽高）应用到上方生成的图像的分辨率（宽高）中，Stable Diffusion 出图的尺寸与上传图像的尺寸相同。

在这 4 个按钮的下方，可以看到几个复选框，如图 8-4 所示。

- 启用（Enable）：勾选复选框后，选择的 ControlNet 单元生效。ControlNet 支持多个单元输入，每个 control 单元都可以用权重来控制。当在生成图像的过程中出现显存不足的错误时，可勾选低显存模式（Low VRAM）复选框，但这样做会增加图像生成的时间。文生图除了没有“上传独立的控制图像”复选框之外，其余的选项完全一样。

图 8-4　启用 ControlNet 单元

- 完美像素模式：可选范围为 64～2048。不勾选该复选框时会在参数区出现如图 8-5 所示的参数。该参数表示导入的图像经过 ControlNet 预处理后的图像分辨率，将其调小可以节约显存资源。在使用一些对预处理图像分辨率要求很高的控制类型时，建议将分辨率设置为与导入的图像一致，或者调得更大一些，以生成高精度的画面。当不勾选该复选框时，预处理图像的分辨率与导入图像的分辨率一致。

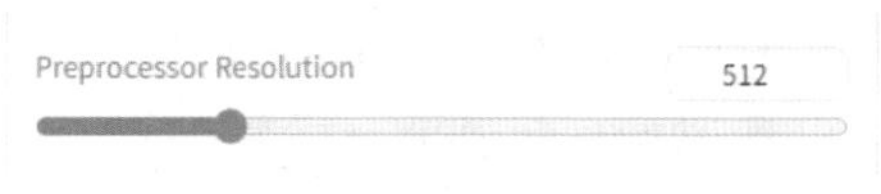

图 8-5　完美像素选择条

- 允许预览：预览预处理图像。单击处理器旁边的爆炸图标💥，会出现预处理图像。
- 预处理结果作为输入：将预先处理好的图像作为输入条件，影响图像的生成。如果已经有预处理好的图像，也可以直接导入。
- 控制类型：ControlNet 拥有 18 种控制图像的类型，如图 8-6 所示。选择全部类型时，预处理器栏会显示所有控制类型的预处理器，模型栏出现所有 ControlNet 模型。单独勾选这 18 种控制类型中的某一种类型时，预处理器栏只会出现该控制类型的预处理器，模型栏会出现对应该控制类型的模型。

图 8-6　控制类型

8.2 风格与元素控制

ControlNet 提供了多种风格与元素控制模型，这些模型的主要特征如下：

- T2IA：参考底图的风格、构图与元素，生成新的图像。
- Shuffle：将底图的内容、构图和色彩等随机打乱，然后试图重新生成一张有序的图像。
- IP2P：参考底图元素和构图，生成内容相似但风格有变化的新图像。
- Reference：参考底图主题，生成与主体相似的图像，如保持人脸一致。
- Inpaint：涂抹局部需要修改的地方，仅在涂抹处重新生成新元素。

8.2.1 参考底图

Reference 可参考底图的元素与风格等，生成相似的图像。使用 Reference（参考）需要将 ControlNet 升级到 1.1.153 版本以上。在绘制人物时，Reference 可以在保持角色面部基本不变的同时，更改角色的妆造、配饰、着装与背景。

Reference 不需要模型，它包含以下 3 个预处理器：

- reference_only：仅参考输入的底图（图 8-7）。
- reference_adain：更偏向于使用的模型，结果可能偏离参考图。
- reference_adain + attn：上述两种方式的结合。

图 8-7　Reference 预处理器

使用 Reference 可以获得多张相似的图像，如图 8-8 所示。

图 8-8　使用 Reference 获得的相似图片（第一张为底图）

使用图 8-8 中的第一幅底图，比较不同预处理器的处理效果，如图 8-9 所示。

[ControlNet] Preprocessor: reference_only　[ControlNet] Preprocessor: reference_adain　[ControlNet] Preprocessor: reference_adain+attn

图 8-9　Reference 不同预处理器的效果对比

8.2.2 局部重绘

与图生图中的局部重绘功能相似，但此处的 Inpaint（局部重绘）功能可使重绘内容跟原图的融合度更高。通过控制权重这一参数来调节与原图的相似程度。控制权重越大，原图信息保留越多，重绘改变的幅度就越小。

Inpaint 拥有 3 个预处理器：预处理器 inpaint_global_harmonious 可对整张图进行重绘，整体融合较好，但重绘之后会改变原图色调；预处理器 inpaint_only 只重绘涂抹的地方；预处理器 inpaint_global_harmonious 可消除图像信息，如将路人移除。Inpaint 的主要功能有 3 个：

- 功能 1：清除不需要的对象（inpaint_global_harmonious），重新生成背景。对象清除的应用场景很多，如拍照的时候出现了不相关的人抢镜，可以使用局部重绘进行路人移除，如图 8-10 所示。

图 8-10 使用局部重绘将路人移除

- 功能 2：对于面部崩坏、手部或肢体畸形的情况，可以使用局部重绘功能重新生成正常的图像。图 8-11 展示了原图（面部黑点较多）及其面部重绘（面部黑点减少）的效果对比。

图 8-11 局部重绘面部蒙版

- 功能 3：更换图像背景，让背景和人物高度融合（inpaint_global_harmonious）。如图 8-12 展示了结婚照背景更换的案例，由于背景区域较大，所以使用全局重绘更加自然。

底图　　　　更换结果　　　　更换结果

图 8-12　更换背景

Inpaint 是一种非常灵活的控图手段，通过与其他控图方法相结合，可以实现很多快速、有效的工作流。Inpaint 的功能及其应用场景较多，这里不再一一展示。

8.2.3　自适应

T2IA（T2I-Adapter，Text to Image Adapter）可以参考底图的内容、构图、风格和颜色，重新生成新的图像。选择不同的预处理器时，要选用不同的模型。T2IA 的主要功能有 3 个：

- 功能 1：将原图的颜色模糊成马赛克，参考原图颜色，生成相似颜色的图像（使用预处理器 color_grid），如图 8-13 所示。

图 8-13　颜色相似

- 功能 2：提取素描的线稿，生成真人照片（预处理器 sketch_pidi），如图 8-14 所示。虽然 T2IA 也可以提取线稿，但效果不如 lineart。

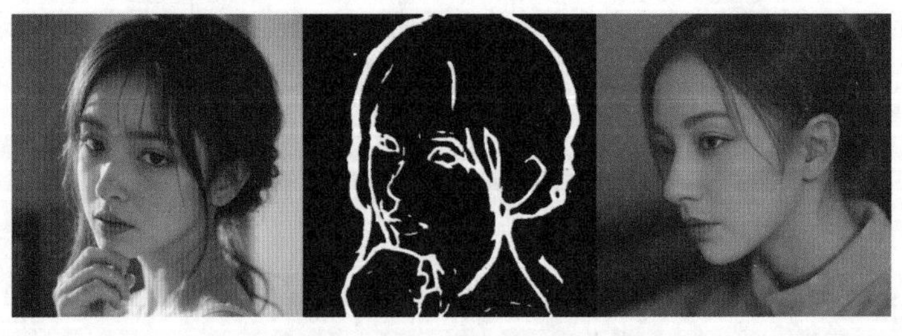

图 8-14　提取线稿生成真人照片

- 功能 3：参考原图风格，生成相似风格的照片（使用预处理器 style_clipvision），如图 8-15 所示。

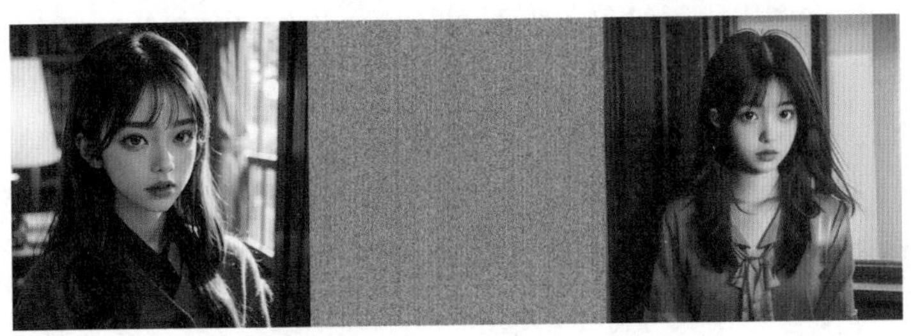

图 8-15　风格相似

8.2.4　随机洗牌

随机洗牌（Shuffle）能够将底图的内容、构图和色彩等随机打乱，然后再试图重新生成一张有序的图像。这样可以生成许多风格相似但内容不同的图像。根据提示词，可以在底图上添加其他内容和风格。Shuffle 适用于做同类风格的纹理贴图和风格轻迁移等。

如果不希望 Shuffle 对原图内容影响过大，可以调整“引导介入时机”参数，将该参数设置在 0.2 ～ 0.3 之间，先生成大致形状后，再通过提示词改变画风；或者使用两个 ControlNet：一个固定线稿，另一个影响画风。在图 8-16 中，第一张是原图，其他 3 张分别是由水墨、油画、赛博朋克风格的图像迁移过来的画风。

图 8-16　Shuffle 效果展示

8.2.5 指导图生图

IP2P（Instruct - pix2pix，指导图生图）的功能与图生图基本一致，可以复制底图的构图和基本内容，根据提示词生成内容相似但风格有变化的新图像。下面通过在提示词里面输入：Make it…（让它变成…），进行多种风格的演示。不需要预处理器，提示词要很精简，可以出现特别的风格，改变场景中的状态。

提示词：Make it oil painting by monet（使之变成莫奈风格油画），效果如图 8-17 所示。

提示词：Make it cartoon（卡通化），效果如图 8-18 所示。

图 8-17　IP2P 改变画风

图 8-18　IP2P 任务卡通化

提示词：Make her winter coat（使她穿上冬天的外套），效果如图 8-19 所示。

提示词：Make her fire（使她着火），效果如图 8-20 所示。

图 8-19　IP2P 改变场景内容

图 8-20　IP2P 给人物增加特效

8.2.6 分块

Tile（分块）可以帮助完善图片的细节，提升分辨率，大幅提升图片的质量。Tile 模型会以原主体为中心，忽视原来的细节并生成新的细节。相比于直接使用图生图功能，Tile 会在一定程度上锁定图像主体，类似于 Reference 的效果。Tile 拥有 4 大功能，下面逐一介绍。

■ 功能 1：恢复画质（使用预处理器 resample 或 colorfix），如图 8-21 所示。存在两种应用场景：小图放大，相当于像素提升；修复被损坏的照片。

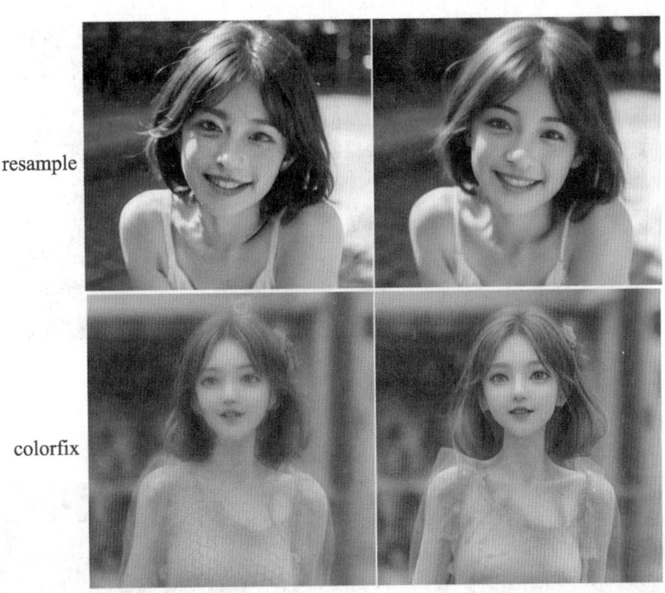

图 8-21　恢复画质

■ 功能 2：真人变动漫（使用预处理器 colorfix+sharp），如图 8-22 所示。

图 8-22　真人变动漫

■ 功能 3：动漫变真人（使用预处理器 colorfix+sharp），如图 8-23 所示。

使用预处理器 colorfix + sharp，既可以实现真人动漫化，也可以实现动漫人物真人化。但是，动漫人物真人化的成图效果不好，需要多次尝试。

■ 功能 4：固定主体，使用提示词修改细节。以图 8-24 为例，进入图生图局部重绘，将女孩头发涂上蒙版，重绘幅度 0.8，种子为 –1，启用 ControlNet，选择预处理器 tile_colorfix，使用提示词 pink hair，可以将女孩的头发颜色修改为红色。

图 8-23　动漫变真人

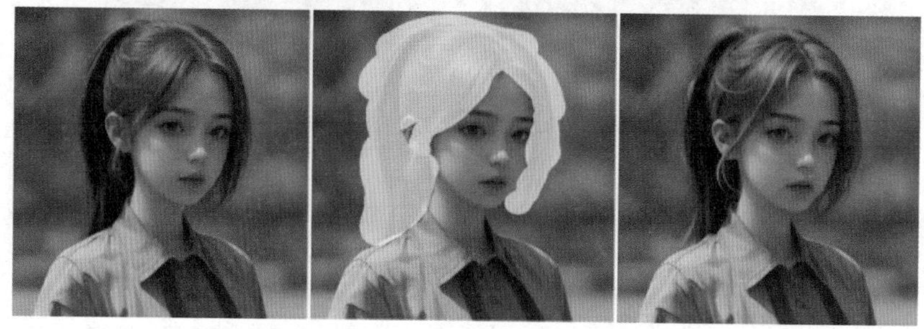

图 8-24　使用 Tile 功能变换头发颜色的效果演示

8.3 线条控制

ControlNet 提供了 5 种线条控制模型，其主要特征如下：

- Canny：是图像处理中经典的轮廓抽取算法，能识别最多的线条，对原图的还原控制能力最强。
- Lineart：可针对各类图片提取线稿。
- Softedge：抽取大概的关键线条，获得的轮廓比较柔和。
- Mlsd：抽取物体轮廓的直线，在建筑、家居等曲线较少的对象上应用效果较好。
- Scribble：提取底图线稿，重绘生成新图像，也可以涂鸦生成新图像。
- Normal：通过获取物体表面的法线，实现对图像形状的控制，能更好地体现凹凸细节和光影效果。

8.3.1　硬边缘

Canny（硬边缘）可以锁定图像的描边轮廓，如图 8-25 所示，尽可能多地识别到画面的线条，以最大程度地还原照片，尤其适合二次元照片。

图 8-25　Canny 过程示意

Canny 是一种边缘检测算法，可通过对图像中像素的梯度进行分析来识别边缘。在边缘检测过程中，像素梯度强度被用来衡量该像素是否属于边缘。Canny 中的阈值用于选择有效的边缘，主要有低阈值和高阈值两种。

- 低阈值（Canny Low Threshold）：梯度幅值介于低阈值和高阈值之间的像素点被标记为弱阈值。该参数用于过滤掉梯度强度低于该阈值的像素点。这些像素点通常对应于边缘比较弱或者噪声较大的区域。通过设置适当的低阈值，我们可以排除一些较弱的边缘，从而减少噪声对最终结果的影响。
- 高阈值（Canny High Threshold）：梯度幅值高于高阈值的像素点被标记为强阈值。设置更高的边缘高阈值能够过滤掉一些反差相对弱的边缘，因此其数值越高，能检测的线条越少，反之则越高。同样，此值的设置也不宜过低，否则容易产生过大的干扰。

如何选择两个阈值，要基于实际需求和图像特征来确定。如果将低阈值设置为 80，高阈值设置为 160，则梯度幅值在 80 ～ 160 的像素点将被标记为弱边缘，梯度幅值大于 160 的像素点将被标记为强边缘。在边缘连接过程中，强边缘像素点与其周围的弱边缘像素点会被连接起来，形成完整的边缘。

可选预处理器除了硬边缘检测 Canny 外，还有 Invert（白底黑线反色）。Invert 预处理器可将线稿进行颜色反转，即黑色线条转换为白色线条，白色线条转换为黑色线条。Canny 预处理器获得的预览图均为黑底白线，手绘线稿一般为白底黑线，使用 Invert 的颜色反转功能，可将常规线稿转换成模型可识别的预处理线稿。

8.3.2　软边缘

SoftEdge（软边缘）可以大概识别图像的轮廓细节，线条比较柔和。软边缘检测的预处理器有 4 种：HED、保守 HED、PiDiNet 和保守 PiDiNet。在官方文档中，对这 4 种预处理器根据不同条件进行了评估和排名。

- 容错率或者对陌生图像的适应能力：保守 PiDiNet >保守 HED > PiDiNet > HED。
- 生成质量上限：HED > PiDiNet >保守 HED >保守 PiDiNet。

综合考虑之下，PiDi 在大多数情况下都表现良好，因此官方将默认选项设定为 PiDi。预处理效果对比如图 8-26 所示。

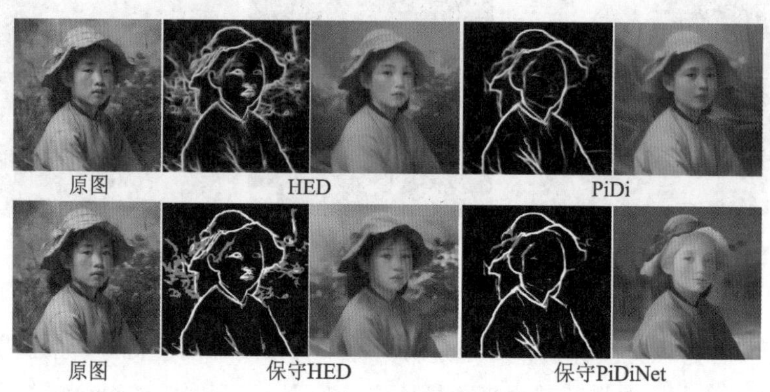

图 8-26　SoftEdge 的 4 种预处理器效果对比

8.3.3　直线

MLSD 只能识别直线，生成的预处理图仅含有直线，具有弧度的线条都会被忽略，适用于建筑效果图的设计，如图 8-27 所示。

图 8-27　MLSD 效果展示

MLSD 有两个阈值，具体如下：

- MLSD 阈值（MLSD Value Threshold）：该参数用于控制所检测线段的强度或显著性，如图 8-28 所示。使用 MLSD 检测的每条直线都有其对应的显著性数值，设置 MLSD 阈值，可以将显著性不强的线条过滤掉。MLSD 阈值越大，过滤的直线越多，检测到的直线越少，反之亦然。
- MLSD 长度阈值（MLSD Distance Threshold）：该参数用于过滤掉长度过短的直线，如图 8-29 所示。使用 MLSD 长度阈值可以选择性地去除过短的直线。较大的阈值将去除更长的直线，从而过滤掉更多的直线，有助于减少短直线的干扰，同时保留主要的布局线条。

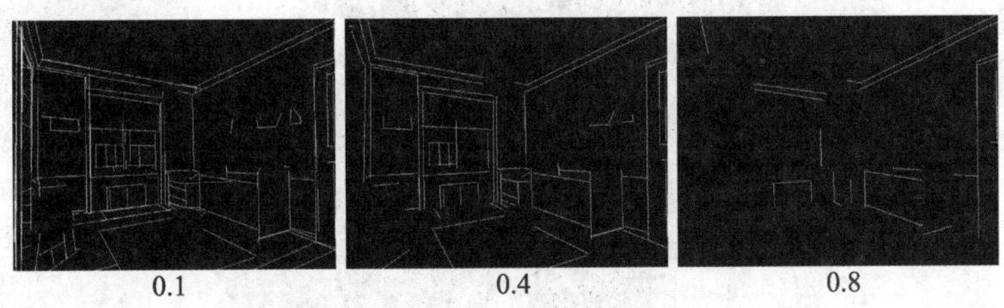

图 8-28　MLSD 取不同阈值的效果对比

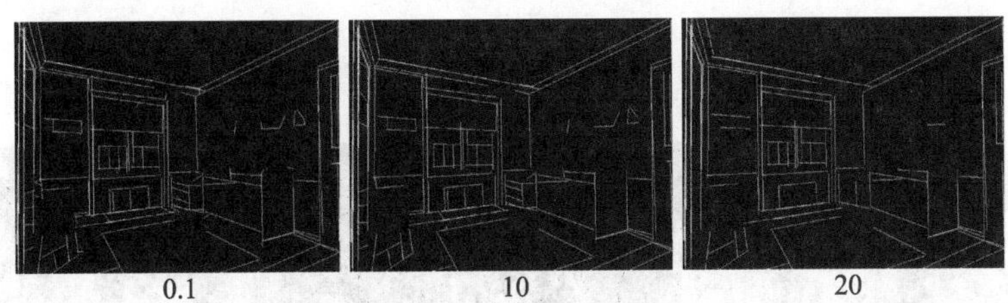

图 8-29　MLSD 取不同长度阈值的效果对比

8.3.4　线稿细化

Lineart（线稿）是一个专门提取线稿的模型。Lineart 有两种可以提取动漫线稿的预处理器：lineart_anime 与 lineart_anime_denoise，效果展示如图 8-30 所示。

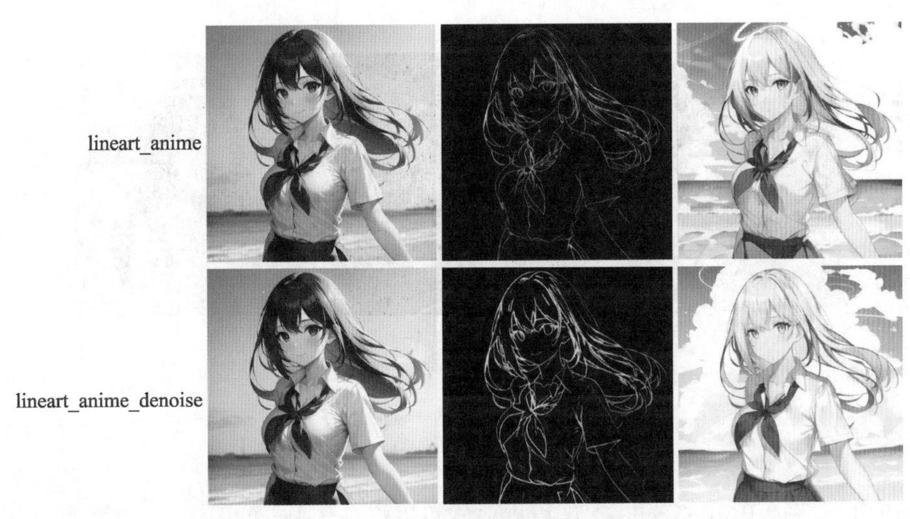

图 8-30　Lineart 动漫线稿效果

提取黑白照片的线稿可使用预处理器 lineart_coarse，效果如图 8-31 所示。

图 8-31　Lineart 照片线稿效果

提取素描线稿可以使用预处理器 lineart_standard，效果如图 8-32 所示。

图 8-32　Lineart 素描线稿效果

提取写实照片的线稿可使用预处理器 lineart_realistic，效果如图 8-33 所示。

图 8-33　Lineart 写实照片线稿效果

8.3.5　涂鸦

Scribble 与图生图的 Skecth 涂鸦功能一样，可以将自己画出的图像让 SD 模型进行加工，从而生成结构相似的新图像，如图 8-34 所示。

图 8-34　涂鸦效果

另外，Scribble 可以提取线稿，类似于 Canny 等线稿控制效果。Scribble 有 Hed、PiDiNet 和 XDog3 种算法，Hed 和 PiDiNet 检测的预处理器的图像线稿图较粗，类似于手绘涂鸦，其上色结果图可将底图转换为新风格的图像，如图 8-35 所示。

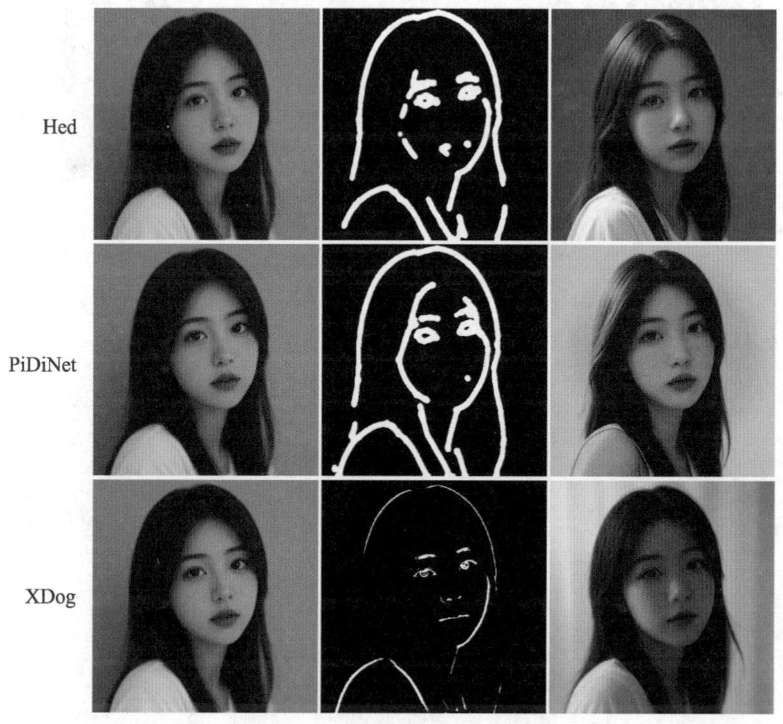

图 8-35　3 种涂鸦图估算方法对比

8.3.6 法线贴图

NormalMap（法线贴图）可以获得参考底图表面的细节、凹凸纹理、明暗关系和人物姿势，在生成图像时保留较多的角色细节，如图 8-36 所示。

NormalMap 有两种预处理器：Bae 和 MiDaS。Bae 的生成效果非常理想，基本保留了人物的光影效果和姿势，而 MiDaS 的生成效果则相对抽象，但它能将主体从背景中分离出来。

图 8-36 Normal 的处理效果（上：Bae；下：MiDaS）

8.4 其他插件

8.4.1 修正

Revision（修正）与后面将要介绍的 IP-Adapter 的功能相似，都能起到图像提示词的效果，能将参考图的风格与元素很好地应用到新图像中。

1. 图像提示词

Revision 可以理解为复杂的、难以用提示词描述的图像风格与元素，以该图像作为底图参考，结合提示词，可根据底图生成相似的图像。此时，Revision 相当于图像提示词，起到了与文本提示词一样的效果，如图 8-37 所示。

图 8-37　Revision 的效果展示

2. 风格融合

开启两个 Revision 单元的 ControlNet，融合各自的风格，以第一个单元的控制权重 1（上传底图 1），第二个单元控制权重 1 为例（上传底图 2），获得的结果如图 8-38 所示。

图 8-38　Revision 的融合效果

8.4.2　重上色

Recolor 可以将上传的底图重新上色。预处理器 recolor_intensity 通过调节“图像强度”来调整颜色，而预处理器 recolor_luminance 通过调节“图像亮度”来调整颜色。推荐使用预处理器 recolor_luminance，其预处理效果相对较好。

如果只是给黑白照片上色，可以不需要提示词，单击“生成”按钮即可完成上色。如果希望得到指定的颜色，可使用对应颜色提示词进行引导。

以图 8-39 修改女孩的头发颜色为例，可以看到，Recolor 无法保证颜色准确出现在头发区域，额头等区域出现了颜色污染的情况，因此实际使用时还需配合如打断等提示词语法（Break）进行调整。参数 Gamma Correction 用于修改预处理过程中检测的图像亮度，其值越大，预处理后的图像就越暗。

图 8-39　Recolor 更改头发颜色（预处理器：上排 recolor_intensity，下排 recolor_luminance）

8.4.3　图像提示

IP-Adapter（图像提示）是腾讯 AILab 最近推出的可控生图神器。提取参考图像的特征，然后作用于 U-Net 中，可以实现良好的风格迁移效果。在实际应用中，IP-Adapter 能够将语言无法描述的信息用参考图来替代，作为提示词输入，实现了将图像直接作为提示词引导 AI 绘画的功能。

IP-Adapter 通过参考底图引导图像生成，具有以下特点：

- 存储占用小，模型参数约 20MB。
- 可以在多种模型中应用，并可结合 ControlNet 实现更强的控图功能。
- 采用解耦的交叉注意力策略，图像与文本均可作为提示词，实现了多模态的生成功能。

1. 基本用法

不输入提示词，直接上传底图（此时底图即为图像的提示词），生成的图像包含底图的内容，但 Ip-Adapter 会根据所选的模型将上传的底图进行相应的风格改变，如图 8-40 所示。

图 8-40　IP-Adapter 无提示词效果

上传满意的底图作为图像提示词，再输入文本提示词，可以实现图像加文本的双重提示词引导效果。在图 8-41 中，以第一幅客厅沙发场景为底图，分别添加不同提示词，可以实现底图内容（沙发）与提示词内容（坐姿女孩、灯下桌子）同时呈现的效果。

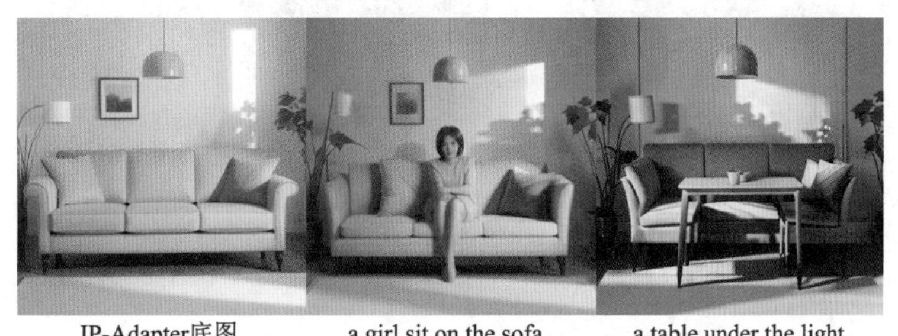

图 8-41　IP-Adapter 加提示词效果

2. 结合 ControlNet

IP-Adapter 可以和 ControlNet 结合，实现与其他元素的精准控图。在图 8-42 和图 8-43 的案例中，IP-Adapter 使用风格参考图来保留风格（相当于风格提示词），Canny 保留线稿，组合生成自己想要的图片。图 8-44 与图 8-45 分别展示了 IP-Adapter 风格参考图与深度控制、姿势控制共同作用下的控图效果。

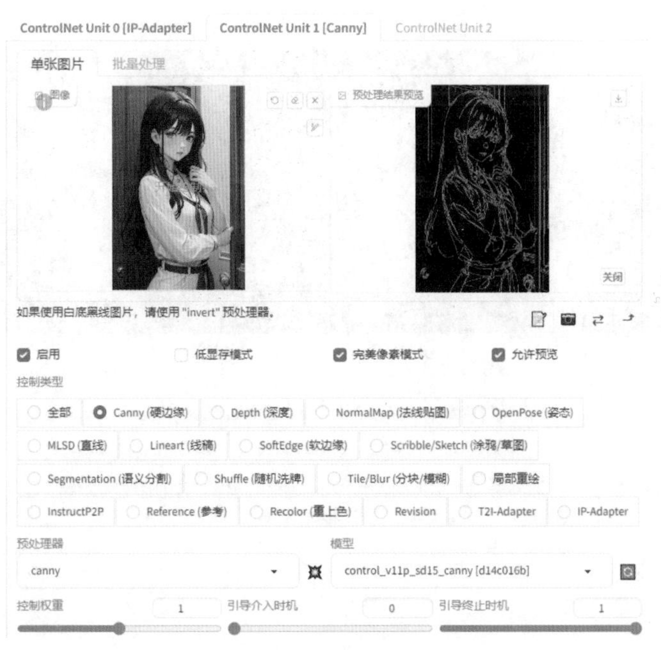

图 8-42　结合 Canny

图 8-43　结合 Canny 的效果

图 8-44　结合 Depth 的效果

图 8-45　结合 OpenPose 的效果

当然，在任何可以或者需要输入提示词的地方，我们都可以使用 IP-Adapter 作为图像提示词，如局部重绘。

8.4.4　深度

深度（Depth）检测的目标，是为每个像素提供相对于相机的距离或深度值。深度检测可复刻房子线条，获得物品距离镜头的前后顺序，进而保留较多的结构和层次细节。

图像经深度检测处理后，呈现为黑白图像，颜色越深表示距离相机越远，反之则越近。因此，黑色部分距离相机最远，白色部分距离相机最近。

深度图有 4 种预处理器可供选择，分别是 LeReS 深度估算（Depth_leres），LeReS++ 深度估算（Depth_leres++），MiDaS 深度估算（Depth_midas）及 ZoE 深度估算（Depth_zoe），效果对比如图 8-46 所示。

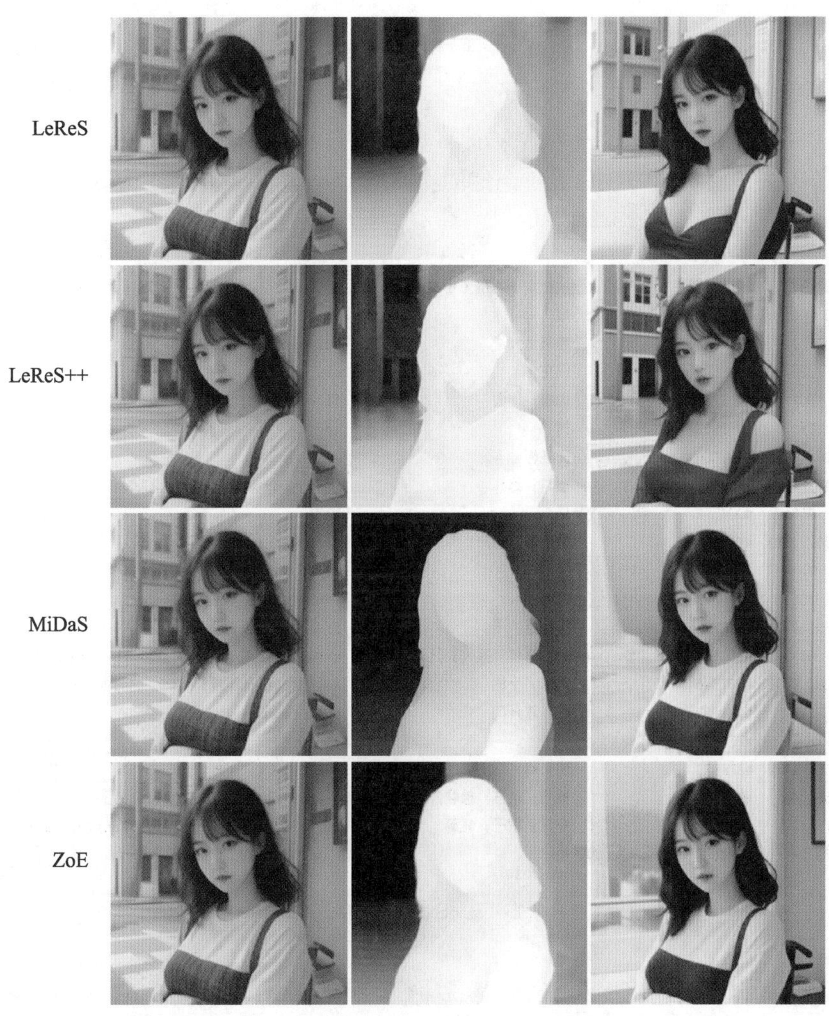

图 8-46　4 种深度图估算方法对比

如果比较经深度处理后生成图的变化程度，则 LeReS 深度估算生成结果与原图的差距最大。

如果比较图像信息的保留程度，则 LeReS++ 深度估算处理后的图像细节最丰富，建筑背景完美保留，但人物穿着改变较大。MiDaS 深度估算与 ZoE 深度估算保留了人物原貌，但完全改变了背景。

ZoE 深度估算模型的参数量最大，因此对于处理复杂场景的效果最好，当不知道如何选择时，可以先试试 ZoE。

8.4.5 语义分割

语义分割（Semantic Segmentation，简称为 Seg）可将图像中的每个像素标记为不同的语义类别区域。与传统的图像分割任务不同，语义分割不仅仅是将图像划分为不同的区域，还会为每个像素赋予语义标签，即指定像素所属的类别，如人、车、树等。语义分割可以实现自定义构图，用不同的颜色表示图像的不同部分。如图 8-47 所示为 Seg 的颜色分类。

A	B	C	D	E	F
编号	RGB颜色值	16进制颜色码	颜色	类别（中文）	类别（英文）
1	(120, 120, 120)	#787878		墙	wall
2	(180, 120, 120)	#B47878		建筑；大厦	building; edifice
3	(6, 230, 230)	#06E6E6		天空	sky
4	(80, 50, 50)	#503232		地板；地面	floor; flooring
5	(4, 200, 3)	#04C803		树	tree
6	(120, 120, 80)	#787850		天花板	ceiling
7	(140, 140, 140)	#8C8C8C		道路；路线	road; route
8	(204, 5, 255)	#CC05FF		床	bed
9	(230, 230, 230)	#E6E6E6		窗玻璃；窗户	windowpane; window
10	(4, 250, 7)	#04FA07		草	grass
11	(224, 5, 255)	#E005FF		橱柜	cabinet
12	(235, 255, 7)	#EBFF07		人行道	sidewalk; pavement
13	(150, 5, 61)	#96053D		人；个体；某人；凡人；灵魂	person; individual; someone; somebody; mortal; soul
14	(120, 120, 70)	#787846		地球；土地	earth; ground
15	(8, 255, 51)	#08FF33		门；双开门	door; double door
16	(255, 6, 82)	#FF0652		桌子	table
17	(143, 255, 140)	#8FFF8C		山；峰	mountain; mount
18	(204, 255, 4)	#CCFF04		植物；植被；植物界	plant; flora; plant life
19	(255, 51, 7)	#FF3307		窗帘；帘子；帷幕	curtain; drape; drapery; mantle; pall
20	(204, 70, 3)	#CC4603		椅子	chair

图 8-47　Seg 的颜色分类

语义分割有 3 种预处理器可供选择，分别是 OneFormer ADE20k（ofade20k）、OneFormer COCO（ofcoco）、UniFormer ADE20k（ufade20k），效果对比如图 8-48 所示。通过语义分割特征图进行渲染出图，我们可以修改语义分割特征图，从而更好地控制出图的物体。例如，不希望客厅中间出现地毯，可以在反向提示词区域输入“地毯”。

图 8-48 Seg 的 3 种预处理器效果对比

8.5 ControlNet 参数

本节介绍 ControlNet 使用中涉及的常用参数，包括：控制权重、引导介入时机与引导终止时机、控制模式、缩放模式。

如果在使用某些控制类型时遇到了特有参数并且不知道如何设置，直接选择默认值也可以生成较好的图像。

1. 控制权重

控制权重表示底图与生成图像的关联度，取值范围为 0 ～ 2，为了重绘之后的图像更接近原图，可以把控制权重设置为最高值 2。控制权重越高，ControlNet 提供的控制效果越强，控制权重越低，提示词的效果越明显。默认权重为 1，适当调整权重可以获得更满意的结果。如图 8-49 所示为不同控制权重值的效果对比。

2. 引导介入时机与引导终止时机

引导介入时机与引导终止时机表示 ControlNet 在第几步（迭代步数）开始影响图像的生成，直到第几步结束。例如，设置迭代步数为 50，引导介入时机为 0.2，引导终止时机为 0.8，则 ControlNet 在第 10 步（50×0.2）时开始介入，在第 40 步（50×0.8）时终止。如图 8-50 和图 8-51 所示为不同引导介入时机的效果对比。

图 8-49　不同控制权重值的效果对比

图 8-50　不同引导介入时机效果对比

图 8-51　不同引导终止时机效果对比

3．控制模式

控制模式用于控制 AI 在生成图像时是偏向提示词还是偏向 ControlNet 处理的图像，一般选择均衡模式。有 3 种模式可供选择，分别为均衡模式、更注重提示词模式、更注重 ControlNet 模式。在实际操作过程中，应该根据不同的模型、不同的提示词和不同的参数设置进行实验，再选择该条件下相对理想的数值。

如图 8-52 所示为 3 种模式的效果对比，其中，左图为均衡模式，中间为更注重提示词模式，右图为更注重 ControlNet 模式。

图 8-52　3 种模式的效果对比

4．缩放模式

当生成的图像大小与 ControlNet 导入的图像大小不一致时，选择不同的缩放模式，可以对生成的图像调整大小、裁剪缩放或缩放填充，请参考本书 6.5.3 小节图生图参数中的缩放模式。

第 9 章 人物控制

在 AI 绘画中，以人物为中心的作品非常多。在人物作品中，“画不好手”一度成为网络上攻击和否定 AI 绘画的理由。因此，修复常见的面部崩坏、手部畸形，修改、控制人物姿势，是人物图像生成的关键问题。本章将介绍 ADetailer、Face Editor、Openpose、Posex、Openpose Editor、Openpose3d 和 Depth Library 等实用的人物控制插件。使用经验表明，这些插件能很好地控制人物的脸、手和姿势。

9.1 面部控制

本节首先介绍基于 ADetailer 和 Face Editor 的面部修复与表情修改，并与 SD-webUI 自带的 Restore Faces 插件进行比较。随后介绍两个非常实用的面部控制技巧：如何在重绘时保持人脸一致以及 Roop 换脸。

9.1.1 面部修饰

1. 安装

在扩展中选择从网址安装，扩展的 Git 仓库网址为 https://Github.com/Bing-su/adetailer.Git，需要重启 SD-webUI 才能使用 ADetailer 插件。重启后，在文生图或者图生图参数区域选择 ADetailer，勾选“启用 After Detailer”复选框，即可使用该插件进行脸部修饰，如图 9-1 所示。

2. 参数设置

- 模型与单元：ADetailer 的默认单元数量为 2，可以在设置中选择 ADetailer 修改其单元数量，目前最高数量为 10。我们可以根据表 9-1 选择模型（Model），face 修复脸部，hand 修复手部，可以更有针对性地修复目标（Target）。

图 9-1　ADetailer 界面

表 9-1　ADetailer 模型选择

模　型	目　标	模　型	目　标
face_yolov8n.pt	2D / realistic face	person_yolov8s-seg.pt	2D / realistic person
face_yolov8s.pt	2D / realistic face	mediapipe_face_full	realistic face
hand_yolov8n.pt	2D / realistic hand	mediapipe_face_short	realistic face
person_yolov8n-seg.pt	2D / realistic person	mediapipe_face_mesh	realistic face

在文生图和图生图过程中，ADetailer 都是通过检测、蒙版处理、重绘和 ControlNet 进行人物的面部修复。

- 检测：检测模型置信度阈值可控制检测率。阈值越高，检测效果越差，检测不出需要修复的目标；阈值越低，检测能力越强，会检测出过多需要修复的目标。
- 蒙版区域：蒙版区域面积过大，会修改目标之外的区域。可通过调整蒙版区域最小比率和最大比率得到心仪的图像，建议使用默认值即可。

- 蒙版 X 轴和 Y 轴偏移：通过水平和垂直移动蒙版来控制蒙版区域，将 X 轴设为 +10，就是向上移动 10 个单位。
- 蒙版图像腐蚀（-）/ 膨胀（+）：放大或缩小检测到的蒙版。
- 蒙版合并模式：包括 3 种模式，其中，无表示为每个蒙版上色；融合表示合并所有蒙版然后上色；合并且反相表示合并所有蒙版和反相，然后上色。

重绘和 ControlNet 的参数在本书 7.2 节和 8.5 节中已经介绍，这里不再赘述。

3. 面部修复

下面演示使用 ADetailer 进行脸部修复的过程。首先，模型选择为 face_yolov8s.pt，重绘幅度设置为 0.25、随机数种子设置为 –1。其次，ControlNet 模型选择 control_v11f1e_sd15_tile [a371b31b]，ControlNet 权重设置为 1，引导介入时机为 0，引导结束时机为 1，其他参数保持默认即可。建议在 ControlNet 模型中选择 tile 模型，其修复效果较好。面部修复的效果如图 9-2 所示。

图 9-2　面部修复

4. 改变人物的表情

在 ADetailer 下的提示词文本框中添加提示词，可以改变人物的表情，如图 9-3 所示。

图 9-3　改变人物的表情

5. 修复手部

下面演示使用 ADetailer 进行手部修复的过程。在 ADetailer 界面中，模型选择为 hand_yolov8n.pt，其他参数保持默认即可，在“ControlNet 模型”中选择 open pose 模型，修复手部，可获得较好的效果，如图 9-4 所示。

图 9-4 手部修复

ADetailer 可以针对单张图像中的多个畸形人脸同时进行修复，或者使用蒙版选定其中的某个人脸进行修复。由于 Face Editor 的多人修复效果更好，下面进行演示。

9.1.2 面部编辑

Face Editor 插件适合修复单人或多人的面部，并且可以使用提示词修改人物的面部表情。

1. 安装

在扩展中选择从网址安装，扩展的 Git 仓库网址为 https://jihulab.com/xiaolxl_pub/sd-face-editor，安装完成后，需要重启 SD-webUI 启用 Face Editor 插件。Face Editor 的界面如图 9-5 所示。

2. 参数设置

参数一般默认不变，如果是在图生图界面，建议重绘幅度设为 0.5，随机数种子设为 –1。

- 匹配区域：Face Editor 的修复区域，如果头发、帽子、颈部影响脸部修复，通常，从“匹配区域”中选择对应的选项，生成的图像会更加自然。匹配区域提供脸部、头发、帽子和颈部 4 个选项，使用效果如图 9-6 所示。
- 使用最小区域（适用近处的脸）：当脸部的距离较近时，脸部会互相影响，导致生成的图像质量不高。官方建议勾选“使用最小区域”复选框，这样修复脸部的效果会更佳。但是笔者多次测试发现，不勾选的效果更好。如图 9-7 所示为勾选和不勾选“使用最小区域”复选框的效果对比。

Face Editor (脸部修复)

启用

工作流

default

使用最小区域（适用近处的脸）

保存原始图像

显示原始图像

显示中间步骤

针对脸部的提示词

匹配区域

脸部 头发 帽子 颈部

蒙版尺寸 0

蒙版边缘模糊度 12

高级选项

工作流编辑器

图 9-5 Face Editor 的界面

图 9-6 匹配区域效果展示

图 9-7 勾选和不勾选“使用最小区域”效果对比

- 显示中间步骤：勾选该复选框后，可以看到脸部修复过程中的图像，如图 9-8 所示。
- ||：在脸部提示词文本框中，通过 || 分隔的提示词单独定向面孔。提示词会按从左到右的顺序应用于人物图像的面部。提示词的数量不必与面孔数量相匹配。例如，输入提示词：smile||sad||anger，可以在修复人脸的时候将人脸表情从左至右设定为微笑、沮丧和生气，如图 9-9 所示。

图 9-8　修复过程展示

图 9-9　修复并更换多人表情

■ 蒙版尺寸：修复区域的大小，该值越大，可修复除脸部之外的区域就越大。当图像中的人物面部没有正对前方的时候，修复后的面部轮廓可能令人不适，此时可以尝试增加蒙版尺寸，如图 9-10 所示。

图 9-10　不同的蒙版尺寸效果对比

3. 效果展示

多人面部修复的效果对比如图 9-11 和图 9-12 所示。

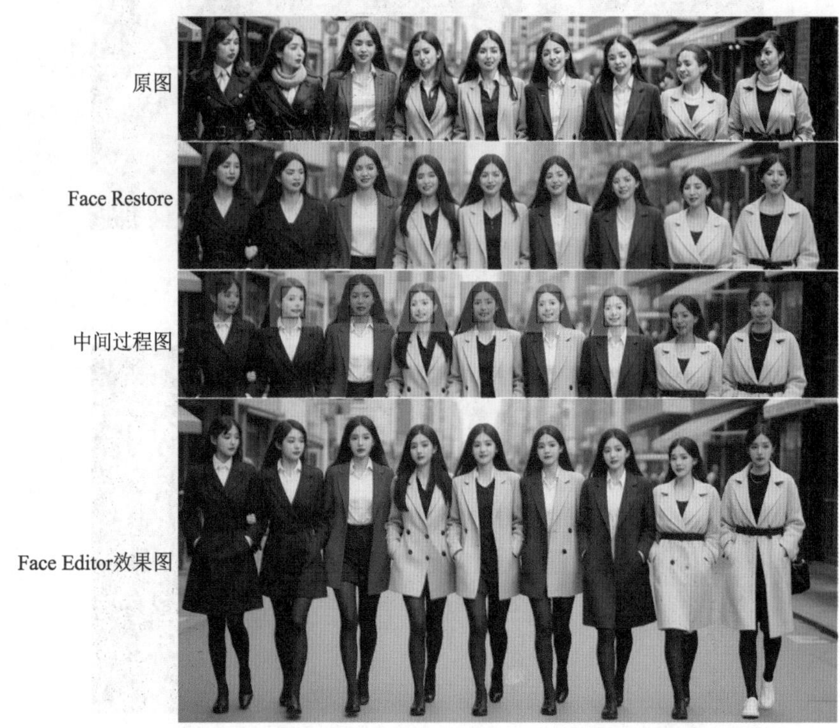

图 9-11　多人面部修复效果（原图见 https://blog.csdn.net/ddrfan/article/details/130923250）

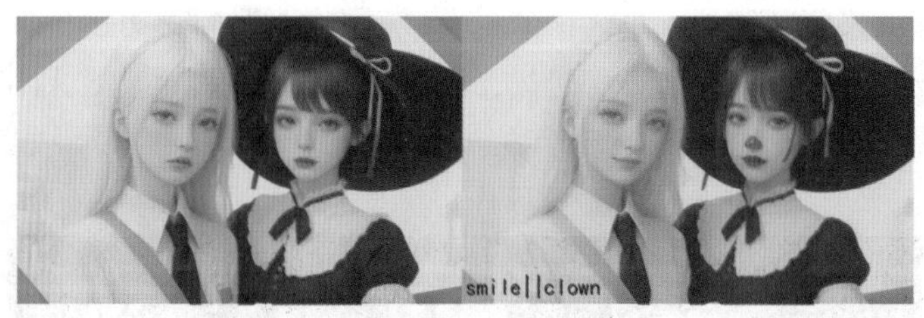

图 9-12　面部风格转换

9.1.3　保持人脸一致

在不另外训练 LoRA 的情况下，我们经常希望重绘的时候能控制人物生成的面部是一致的，可以采用以下方法。

1. 提示词法

在提示词文本框中输入提示词：a girl,detail face，生成一批图像，如图 9-13 所示。

图 9-13 同一批次的人物面部相似

在提示词文本框中输入提示词：a girl,detail face of Alice，增加了女孩的名字 Alice，生成如下两批图像，如图 9-14 所示。

图 9-14 取名法能让同一批次的人物面部更加一致

可以发现，给人物取个名字（随便什么名字），能让同一批次生成的人物图像的面部基本一致。但重新生成后，每一批次的人物面部不一样。如果不使用命名法，则同一批次的人物面部的一致性会降低。

2. 使用预处理器 Reference_only

如果想使用指定图像中的人脸，可以使用 DeepBooru 反推该图像提示词，以便尽量保持原图的风格。在 ControlNet 中选择 Reference 模型，预处理器选择 Reference_only，AI 会根据反推的提示词生成图像，如果想变换场景或细节，如发型等，可以在提示词中添加相应的提示词，不会影响人物脸部的继承。

下面将重绘幅度设定为 0.75，随机数种子为固定值，将马路边女孩的背景改成厨房和卧室，生成的图像如图 9-15 所示。

图 9-15 使用 Reference_only 预处理器保持人脸一致

9.1.4 Roop 换脸

AI 换脸的插件较多，流行的版本有 Roop、FaceFusion 和 Rope 等，根据使用经验，推荐使用 Roop。理由是：首先，我们可以通过 SD-webUI 直接使用，较为方便；其次，Roop 较为成熟，功能强大，使用效果较好。

1. 安装

在扩展中选择从网址安装，扩展的 Git 仓库网址为 https://Github.com/s0md3v/sd-webui-Roop.git。安装完成后，需要重启 SD-webUI，在文生图或者图生图参数区域选择 Roop，勾选“启用”复选框，即可使用该插件。

安装完成后，部分用户可能在 SD-webUI 界面中找不到 Roop 插件，解决方案如下：

（1）下载 Visual Studio 环境。

下载地址为 https://visualstudio.microsoft.com/zh-hans/thank-you-downloading-visual-studio/?sku=Community&channel=Release&version=VS2022&source=VSLandingPage&cid=2030&passive=false。安装时，需要选中“Python 开发”和“使用 C++ 的桌面开发”，如图 9-16 所示。安装完 Visual Studio，建议重启计算机。

（2）在 Python 官网（https://www.python.org/downloads/windows/）下载 3.10.6 版本的 Python，将 Python310 文件夹复制到 E:\sd-webui-aki-v4.2 文件夹下。

（3）在 python 目录下（如 E:\sd-webui-aki-v4.2\Python310) 输入 cmd 命令，如图 9-17 所示。

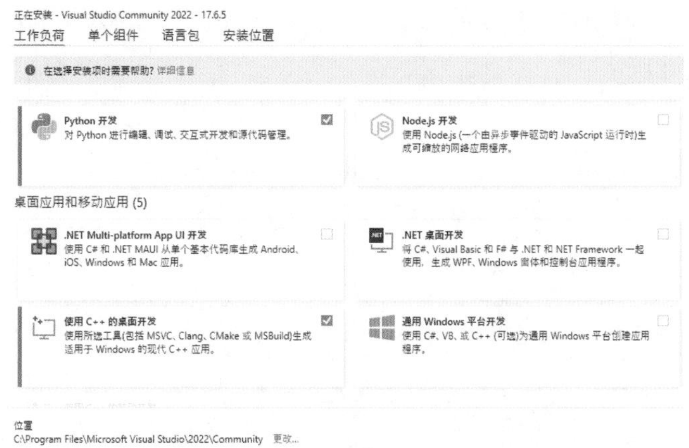

图 9-16　安装 Visual Studio

输入命令：python -m pip install insightface==0.7.3，如图 9-18 所示。

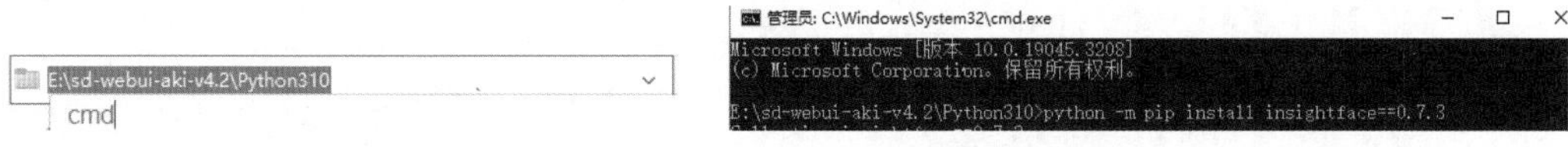

图 9-17　通过 cmd 启动命令行　　　　图 9-18　在 cmd 中安装 Python

2. 使用

（1）在图生图的局部重绘中用画笔涂抹，蒙住人物的脸部，如图 9-19 所示。

图 9-19　蒙住人物的脸部

（2）设置局部重绘参数。迭代步数为 40 步，采样方法为 DPM++ SDE Karras，重绘幅度为 0.9，如图 9-20 所示。

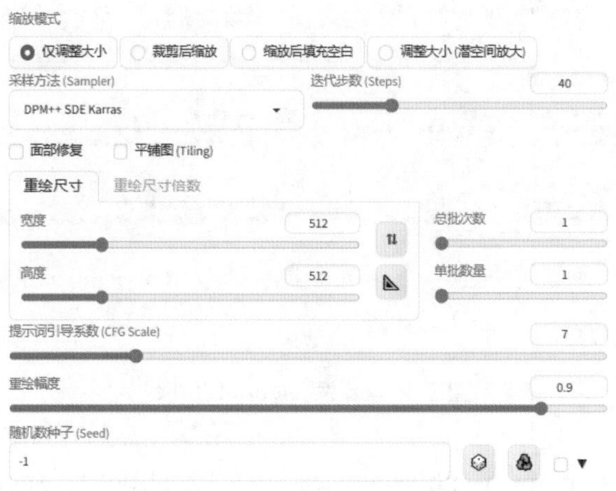

图 9-20　设置局部重绘参数

（3）设置 After Detailer 参数修复脸部。勾选“启用”复选框，选择模型为 face_yolov8s.pt。

（4）在 Roop 中上传拟替换的人物脸部，然后设置参数，面部修复选择 GFPGAN，面部修复强度为 0.7，如图 9-21 所示。

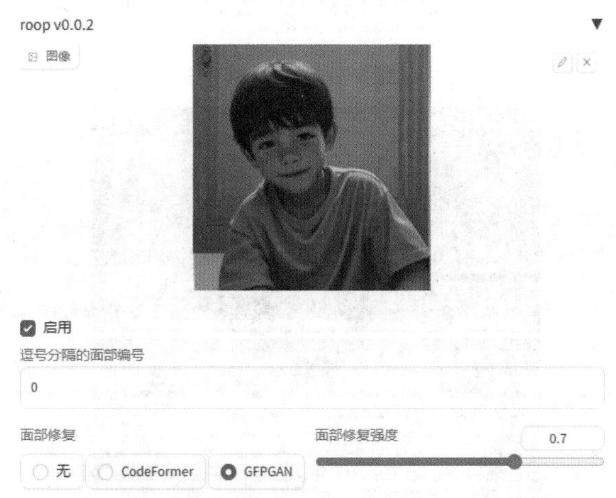

图 9-21　在 Roop 界面设置参数

（5）单击生成按钮，效果如图 9-22 所示。

图 9-22 换成小男孩的面部效果（左图为换脸前；右图为换脸后）

3. 其他换脸效果展示

其他换脸效果展示如图 9-23 所示，其中，第 1 列为底图，第 2 列为要换的脸，第 3 列为换脸结果。

图 9-23 不同类型换脸效果展示

9.2 姿态与手部控制

控制人物姿态与人物手部的插件较多，各有特色。OpenPose 与 DWPose 插件可以提取底图的人物姿态，已经在 ControlNet 中内置，方便易用。Posex、OpenPose Editor、Depth Library 与 OpenPose3d 插件可以不需要底图，直接控制、编辑人物的姿势。其中，OpenPose3d 插件可以编辑复杂的空间姿势，Depth Library 插件可以编辑复杂的手部动作，但实际使用效果不好，这里不再介绍。

9.2.1 OpenPose 与 DWPose

OpenPose 与 DWPose 是 ControlNet 内置的姿势控制插件，适用于复现与控制人物姿态。其中，OpenPose 可参考底图人物形态，提取其姿态和动作，然后生成一张与原图相同姿态的新图像。单击按钮💥，可以观看预处理后的人物姿态线条。

启用 OpenPose 插件后，我们可以根据使用目的选择以下 4 种预处理器：

- 预处理器 OpenPose 用于控制身体的姿势。
- 预处理器 openpose_hand 用于控制人物的手指，可以一定程度避免产生手指畸形。
- 预处理器 openpose_faceonly 用于控制人物表情。
- 预处理器 openpose_full 可以全方面地控制人物姿态，复制人物的手指、整体姿态和表情。

可以按照下述步骤，生成特定姿态的图像。

（1）在无边图像浏览插件里选择一张人物图像。

（2）将人物图像导入 ControlNet 内图像框，然后单击 ControlNet 的箭头按钮，可以将该图像分辨率应用到图生图图像分辨率中。

（3）单击 ControlNet，勾选启用、完美像素模式、允许预览和预处理结果 4 个复选框作为输入，控制类型选择 OpenPose，预处理器选择 openpose_hand，模型为 control_v11p_sd15_openpose，控制权重为 1，引导介入时机为 0，引导终止时机为 1，控制模式选择“均衡”，缩放模式为“裁剪后缩放”。

（4）单击预处理器后边的按钮💥，生成预处理图像，待预处理图像生成结束后，再单击“生成”按钮，生成效果如图 9-24 所示。

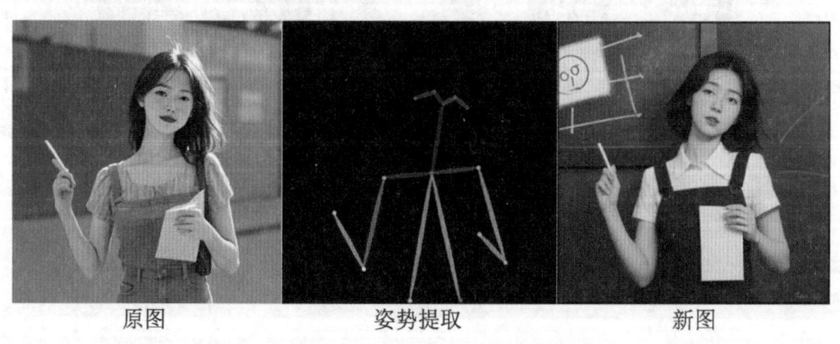

图 9-24　提取人物姿态重新生成

关于另外 3 种预处理器的使用细节和上面的例子基本一致，这里不再一一介绍，直接展示效果，如图 9-25 所示。

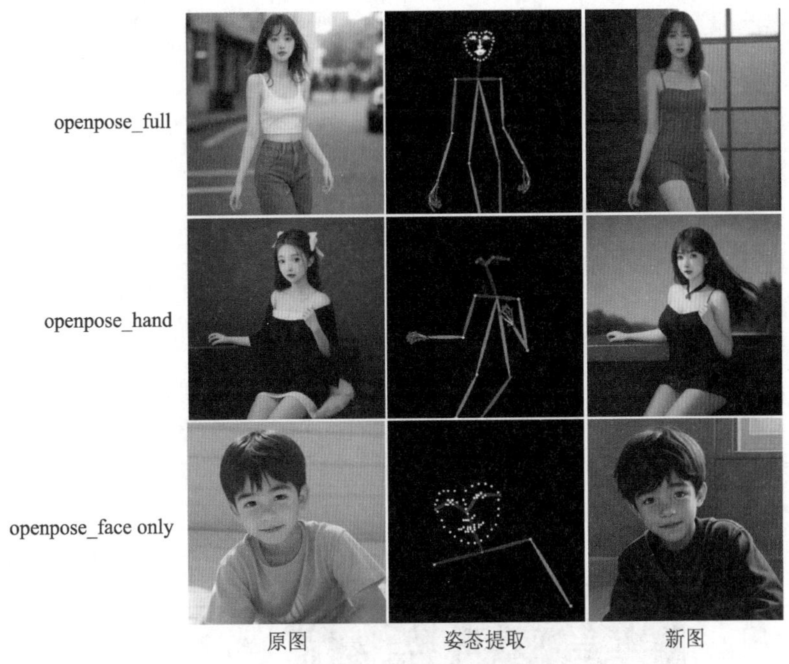

图 9-25　不同预处理器的效果对比

DWPose 插件在姿态识别与保留上比 OpenPose 插件略有改进，但整体效果区别不大，如图 9-26 所示。将 ControlNet 更新至 v1.1237 版，选择 dw_openpose_full 作为预处理器，即可使用 DWPose。

图 9-26　DWPose 与 OpenPose 的效果对比

9.2.2 姿态控制

与 OpenPose 插件相比，Posex 插件可以在二维空间旋转人物，并且 Posex 插件可以实现复杂的多人肢体交叉和高难度瑜伽动作等，而一般的姿态控制插件很难达到这种效果。

1. 下载

在扩展中选择从网址安装 Posex，Git 仓库网址为 https://Github.com/daswer123/posex.git。Posex 插件安装完成后，使用时需要重启 SD-webUI。

在 Posex 界面（见图 9-27）中有以下控件：

- Reset Pose：清除修改的骨骼姿势。
- +Add：新增一个人物。
- -Remove：去除框选人物。
- 画布尺寸：用于设置人物姿态图的大小。

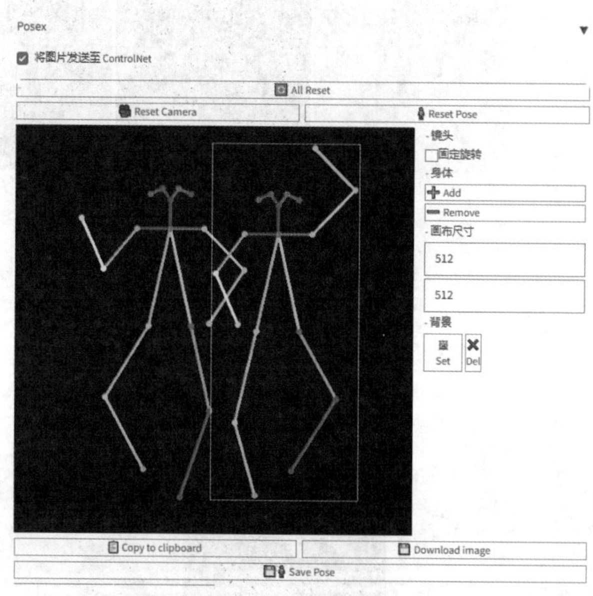

图 9-27 姿态控制编辑

2. 使用

（1）在 Posex 界面中勾选“将图片发送至 ControlNet”复选框，启用 ControlNet。

（2）勾选“启用”复选框，再勾选完美像素模式，预处理器为 None，模型选择 control_v11p_sd15_openpose，其他参数保持默认即可（控制类型为全部，控制权重为 1，引导介入时机为 0，引导终止时机为 1）。ControlNet 界面无须上传图像。

生成的图像如图 9-28 所示。

图 9-28　双人挽手

像瑜伽等复杂的姿势，在模型训练集中使用较少，生成效果也不好。利用 Posex，可以在三维空间里编辑复杂的姿势，非常灵活，图 9-29 为展示效果。

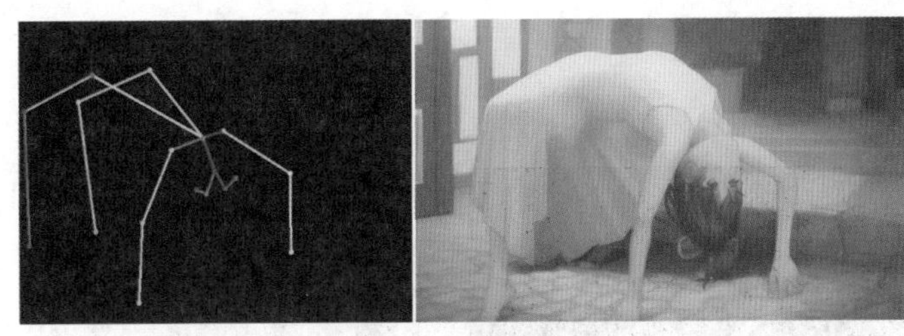

图 9-29　复杂的瑜伽姿势

9.2.3　姿态编程

1. 下载

在扩展中选择从网址安装，扩展的 Git 仓库网址为 https://Github.com/fkunn1326/openpose-editor.git，需要重启 SD-webUI 才能使用 Openpose Editor 插件。

2. 参数设置

在 Openpose Editor 姿态编辑界面中单击人物关节处，按住鼠标左键并拖动，改变人物的姿态，然后完全框选住该人物，可以改变其在画布中的位置。单击"添加"按钮，可以新增一个人物，单击"重置"按钮，可以清除画布内容，如图 9-30 所示。

完全框选该人物，如图 9-31 左图所示，通过 4 个角落的点，可以放大或缩小人物，顶部的点用于旋转人物。

- 从图像中提取：在 Openpose Editor 界面会显示图像的姿势。
- 添加背景图片：辅助用户调整图像人物的位置，如图 9-31 右图所示。

3. 使用

（1）在 SD-webUI 的扩展中勾选 ControlNet，将人物的姿势发送至文生图或者图生图。

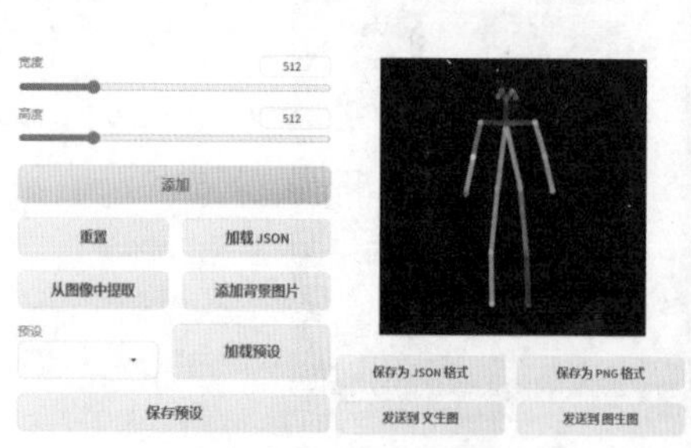

图 9-30　姿态编辑界面

图 9-31　姿态编辑过程

（2）设定参数。参数保持默认即可（控制类型为全部，控制权重为 1，引导介入时机为 0，引导终止时机为 1），分别勾选“启用”和“完美像素模式”复选框，预处理器为 None，模型选择 control_v11p_sd15_openpose。

生成的图像如图 9-32 所示。

图 9-32　生成效果

9.2.4　三维姿态控制

1. 下载

在 SD-webUI 的扩展中选择从网址安装，扩展的 Git 仓库网址为 https://Github.com/nonnonstop/sd-webui-3d-open-pose-editor.git，需要重启 SD-webUI 才能使用 OpenPose3d（三维姿态控制）插件。

2. 参数设置

在 OpenPose3d 的参数界面，如图 9-33 所示，单击人物，可以改变人物的身体参数。

改变宽度和高度，可以调整画布的大小，使用图 9-33 所示的参数得到的画布如图 9-34 所示。

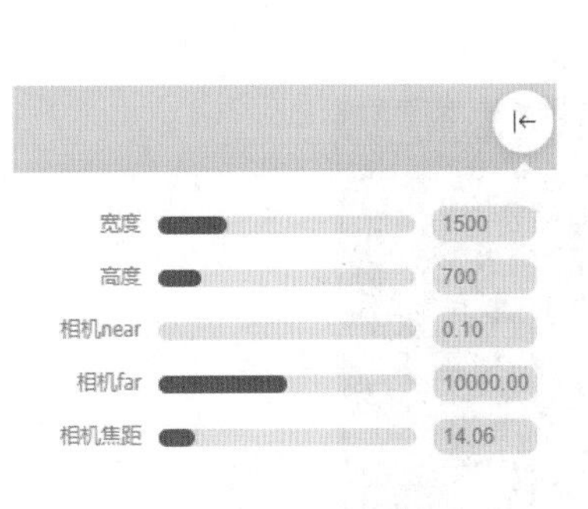

图 9-33 参数设置

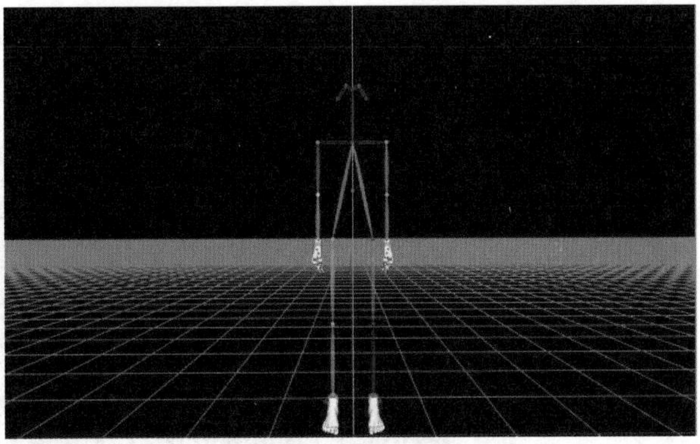

图 9-34 画布

在人物关节处单击鼠标一次，关键点会出现一个3D调整球，如图9-35所示。按住鼠标左键并拖动，可以改变人物的姿势，用鼠标左键或者右键可以调整视角和人物中心的3D调整球。移动模式可以滑动人物的肢体，自由模式可以改变人物肢体的角度。

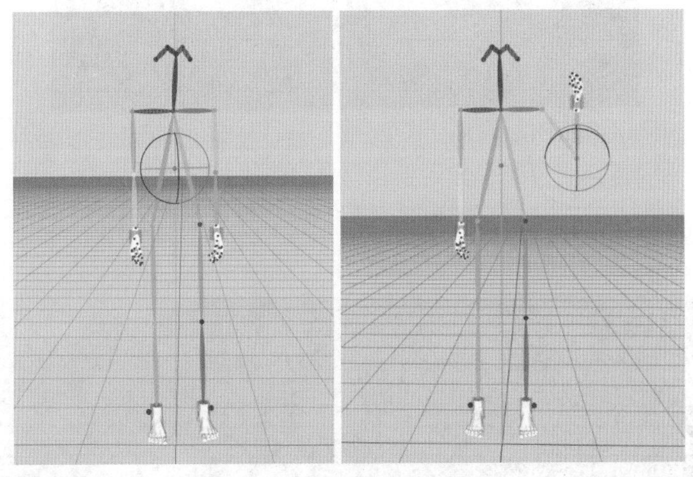

图 9-35 人物肢体关节调整

单击“生成”按钮后，跳转到Send to ControlNet画面，会显示4张不同的预处理图，如图9-36所示，它们对应不同的ControlNet模型，在图9-36中分别是姿势、Depth、Normal和Candy。

3. 使用

（1）在图9-36中选择需要的两张图像（如姿势和Normal）下载至桌面。

（2）启用ControlNet的0、1单元，分别上传两张图像。ControlNet的预处理器为none，单元0的模型选择control_v11p_sd15_openpose，单元1的模型选择control_v11p_ sd15_normalbae，其他参数保持默认即可（控制类型为全部，控制权重为 1，引导介入时机为 0，引导终止时机为 1）。

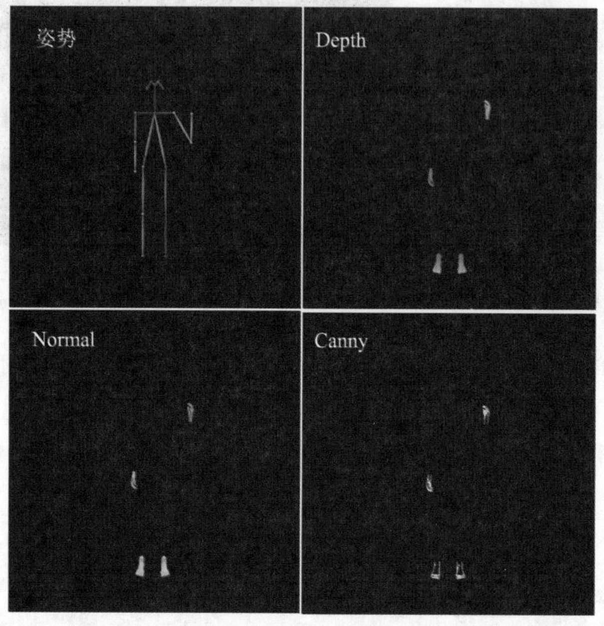

图 9-36　预处理效果

生成的图像如图 9-37 所示。

图 9-37　姿势控制效果

在使用时可能会遇到页面空白的问题，解决方法是：单击文件，选择重置场景，单击 Language，选择其他语言，更换打开 SD-webUI 网页的浏览器。

第 10 章 分区、分割、抠图与重绘

目前，关于 AI 绘画的控图插件层出不穷，本章介绍几个实用且效果较好的插件。使用这些插件，可以控制图像内容的生成，并且其图像内容的编辑功能不逊色于 Photoshop 软件。为了保持本书零基础入门的风格，本章的案例仅展示这些插件的基本功能，在实际中可灵活搭配使用这些功能，实现高度的控图技巧。

10.1 分区控制

分区控制（Latent Couple）可以实现复杂的分区控制功能。通过涂鸦或网格划分绘图区域后，使用提示词针对每个划分好的区域分别指定内容，可以实现精准、高效的分区控制。MultiDiffusion with Tiled VAE（https://Github.com/pkuliyi2015/multidiffusion-upscaler-for-automatic1111.git）与 Regional Prompter（https://Github.com/hako-mikan/sd-webui-regional-prompter.git）两个插件也可以实现分区控制生成内容，由于 Latent Couple 更简单，这里不再介绍。

1. 下载

首先在扩展中按下面的网址下载 Latent Couple 和 Latent Couple-LoRA 这两个插件。

- Latent Couple 的下载链接为 https://Github.com/ashen-sensored/stable-diffusion-webui-two-shot.git。
- Composable LoRA 的下载链接为 https://Github.com/opparco/stable-diffusion-webUI-composable-LoRA.git。

然后将下载好的插件放在路径为“…… \sd-webUI-aki-v4\extensions”的文件夹下。这两个插件的主要功能是给多个主题或者人物划分割区域。

在实际使用中，不少人会遇到这样的错误：在 Latent Couple 界面，单击“可视化预览”按钮报错。经过验证，笔者找到了解决方法：在 sd 文件夹内打开 modules\ui_tempdir.py，在 def save_pil_to_file（self, pil_image, dir=None）后添加 format="png"，如图 10-1 所示。

```
def save_pil_to_file(self, pil_image, dir=None, format="png"):
```

图 10-1　安装修正

另外，建议使用上面给出的链接下载 Latent Couple。如果从官方链接（https://Github.com/opparco/stable-diffusion-webui-two-shot）下载，那么将无法使用蒙版功能。

2. 使用

安装成功后，打开 Latent Couple 界面，勾选“启用”复选框后，单击蒙版，可以通过涂抹来控制分区，如图 10-2 所示。下面尝试生成一幅女孩左肩上坐着一只猫的图像，通过分区实现对小猫和女孩及其相应位置的控制。

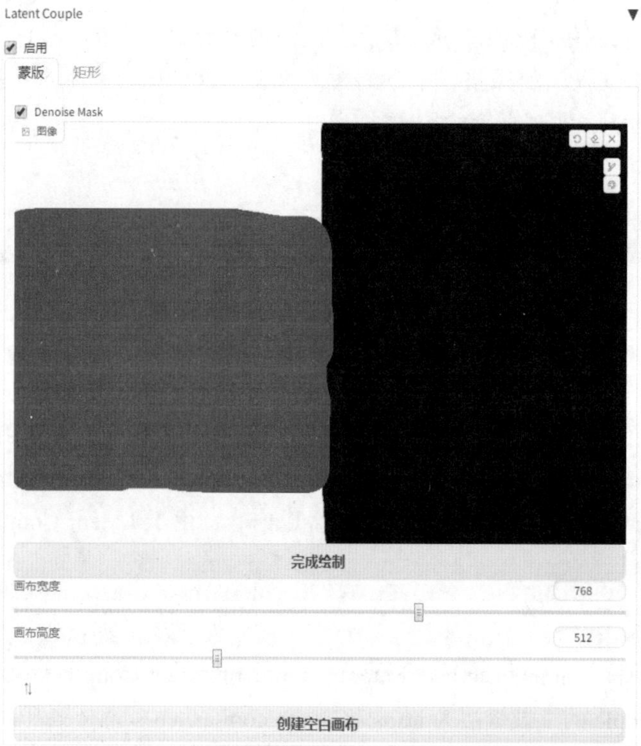

图 10-2　Latent Couple 界面及蒙版控制分区

（1）调整画布的宽度和高度，创建空白的画布。

（2）在蒙版区域涂鸦进行分块。

完成绘制后，单击“完成绘制”按钮，在蒙版区域输入提示词，单击 Prompt Info

Update 按钮，提示词将上传至提示词文本框内，如图 10-3 所示。

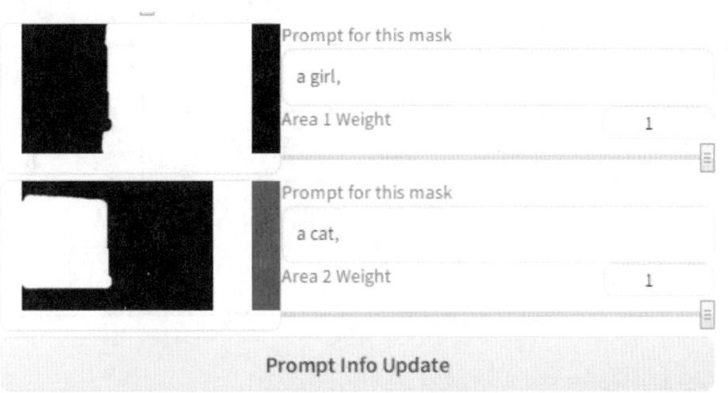

图 10-3　提示词设置

生成的图像如图 10-4 所示。

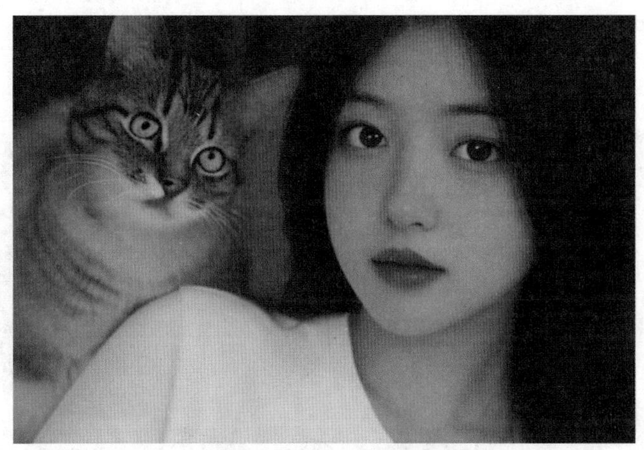

图 10-4　分区控制生成效果

3. 矩形分区

在 Latent Couple 界面选择“矩形”选项卡，进入矩形的设置界面，如图 10-5 所示。

- 分区方式：1∶1 表示整幅画面；1∶2 表示将一幅画分为一行两列；2∶2 表示将一幅画分成两行两列。以此类推，可以实现复杂的区域划分。
- 分区位置：列数从 0 开始，0∶0 表示一张图像的第一块，0∶1 表示一张图像的第二块，以此类推。

图 10-5　矩形分区

■ 权重：提示词的比例（参考表 10-1）。

表 10-1　分区说明（参考图 10-5）

Latent Couple	背景	人物 1	人物 2
Division	1：1	1：2（一张图像的第 1 块）	1：2（一张图像的第 2 块）
Positions	0：0	0：0（人物 1 在第 1 块）	0：1（人物 2 在第 2 块）
Weights	0：2	0.8	0.8

下面进行演示。

（1）打开文生图，输入正反面描述词。参考如图 10-5 所示的分区，提示词如下（AND 是必备关键词，在细节和描述中可以添加提示词）：

■ AND ((细节), (描述)), 2 girls, white hair, white school uniform,（角色 A 的特征）;

■ AND ((细节), (描述)), 2 girls, black hair, black Lolita skirt,（角色 B 的特征）。

（2）启用 Composable LoRA 和 Latent Couple，填写相应的参数。

（3）单击生成按钮，会出现两个角色的图像，如图 10-6 所示。

图 10-6　分区生成两个角色

采用上面同样的步骤与提示词，增加角色 C（3 girls,red hair,red dress），采用分区方式（1：1,1：3,1：3,1：3）、分布位置（0：0,0：0,0：1,0：2）和权重（0.2,0.8,0.8,0.8），可以得到 3 个角色图像，如图 10-7 所示。

图 10-7 分区生成 3 个角色

10.2 分割

2023 年 4 月，Meta 发布了 Segment Anything Model（SAM）。Segment Anything 可以根据提示词进行分割，也能够根据人工点或框生成高质量的物体掩码，或对整张图像进行分割。

基于 SAM 的分割插件较多，最近中科院团队开源了 FastSAM 模型（网址为 https://github.com/CASIA-IVA-Lab/FastSAM），其能以 50 倍的速度达到与原始 SAM 相近的效果，并实现 25FPS 的实时推理。来自香港科技大学等研究单位共同发布的 Semantic-SAM（https://github.com/UX-Decoder/Semantic-SAM），在完全复现 SAM 分割效果的基础上还具有两大特点：

- 语义感知：模型能够给分割出的实体提供语义标签。
- 粒度丰富：模型能够分割从物体到部件的不同粒度级别的实体。香港中文大学贾佳亚团队最近提出了 LISA 推理分割大模型（网址为 https://github.com/dvlab-research/LISA），该模型可以理解人类语言并进行精准分割。例如，可以自行推理“下面图片中哪种食物的卡路里更高？”这个问题，并选出卡路里最高的食物。

由于 Segment Anything 插件更加成熟、方便，为了控制篇幅，本节仅介绍 Segment Anything。另外，在本书 8.4.5 小节中介绍了 ControlNet 中的 Seg 语义分割插件，也可以实现很好的分割效果，读者可以根据需要选择使用。

1. 下载

在扩展中选择从网址安装，扩展的 Git 仓库网址为 https://gitcode.net/ranting8323/sd-webui-segment-anything，需要重启 SD-webUI 才能使用 Segment Anything 插件。

2. 使用

Segment Anything 插件有单击分割和提示词分割两种使用方式。

1）单击分割

单击图像，添加一个黑色的正向标记点（想提取的部分），右键单击图像，添加一个红色的反向标记点（不想提取的部分），再次单击，可以删除标记点，如图 10-8 所示。

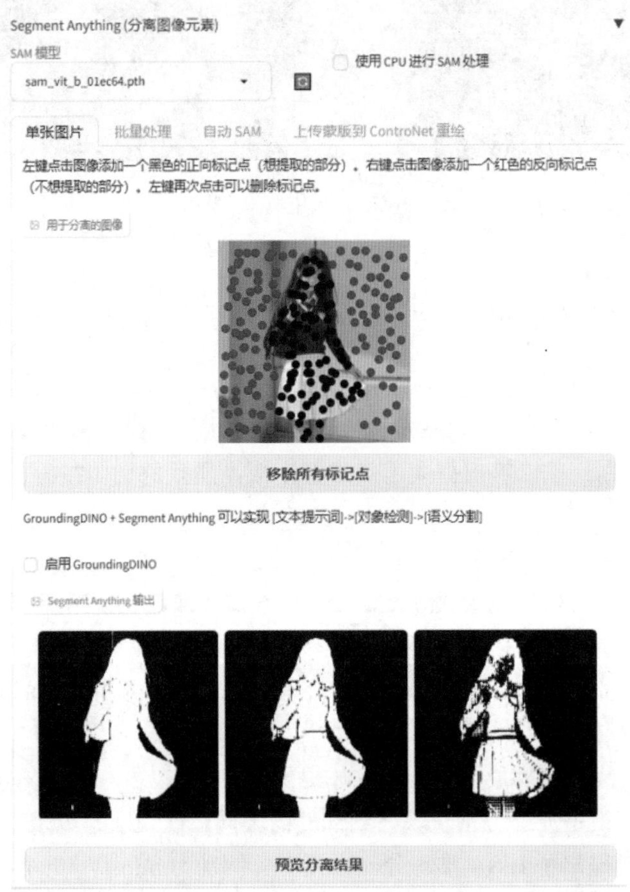

图 10-8 单击分割方式

2）提示词分割

（1）上传图片后，勾选“启用 GroundingDINO”复选框，可以使用提示词实现对象的分割。

（2）GroundingDINO 模型选择 GroundingDINO__SwinT_ OGC（694MB），GroundingDINO 检测提示词填入：white dress，如图 10-9 所示。

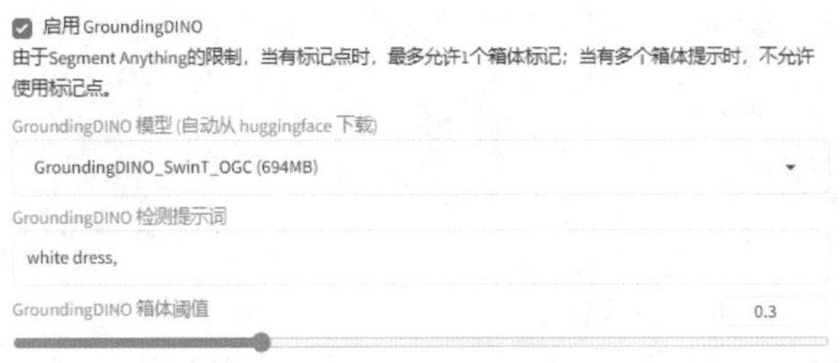

图 10-9　启用 GroundingDINO

（3）单击创建箱体框按钮，勾选“我想预览 GroundingDINO 的结果并选择我想要的箱体”复选框并选择箱体。

其中，GroundingDINO 用于目标检查的模型有 SwinT_OGC（694MB）和 SwinB（938MB）两种，如果计算机的配置不高，建议使用前者。

将“GroundingDINO 箱体阈值”设置为 0.3，检测提示词的阈值，如果过高，则检测不出对应的提示词。

（4）完成上述设置后，单击“预览分离结果”按钮，分离结果如图 10-10 所示。

图 10-10　提示词分割

（5）保存心仪的蒙版，然后上传到重绘蒙版进行重绘。以重绘女孩的白色裙子为例，结果如图 10-11 所示。

图 10-11 使用蒙版重绘裙子

10.3 抠图

抠图（Rembg）是图像编辑中经常使用但又十分费时的操作，自动抠图是 AI 绘画的重要功能。在 SD-webUI 中可用的抠图插件主要有 3 个：ABG Remover、Rembg 和 PBRemTools。这 3 个插件都可以在图生图中轻松实现背景去除功能，保留图像主体，如图 10-12 所示。其中，ABG Remover（网址为 https://github.com/KutsuyaYuki/ABG_extension）可以应用于文生图，简便、高效。Rembg 可以快速去除背景，将物体分割出来。PBRemTools（网址为 https://github.com/mattyamonaca/PBRemTools）较为复杂，但功能更多，抠图精准。

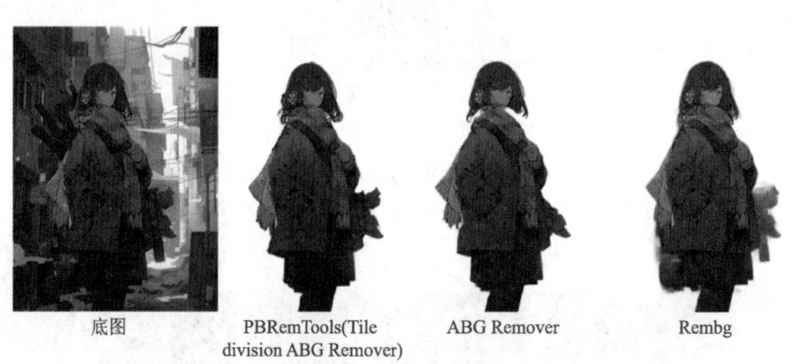

图 10-12 抠图效果对比（PBRemTools 官方配图）

根据实际使用经验，下面仅介绍简单且效果较好的 Rembg。限于篇幅，有兴趣的读者可以自行通过扩展安装尝试其他插件的使用。

1. 安装

在扩展中选择从网址安装，扩展的 Git 仓库网址为 https://Github.com/danielgatis/rembg，需要重启 SD-webUI 后，在后期处理（Extra）使用 Rembg。

2. 参数设置

勾选“Alpha matting 遮罩”复选框，建议参数设置为：Erode size（腐蚀尺寸）为 6、Foreground threshold（前景阈值）为 143、Background threshold（背景阈值）为 187，如图 10-13 所示。

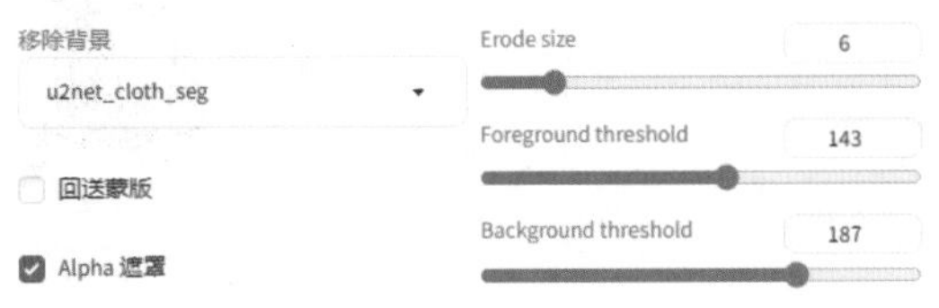

图 10-13　RemBG 的参数设置

在“移除背景”下拉列表框中可以选择不同的分割模型：

- u2net：可以分割出大多数物体。
- u2netp：u2net 模型的轻量级版本。
- u2net_human_seg：用于分割人物。
- u2net_cloth_seg：分割人物的衣服。
- silueta：与 u2net 相同，但分割的大小减少到 43MB。
- isnet-general-use：通用分割模型，可以分割大多数物体。
- ISNET-anime：分割动漫角色。
- SAM：适用于任何用例的预训练模型。

3. 使用

在 Extra 界面中选择底图，然后在 Rembg 界面中选择移除背景的模型 u2net，勾选“回送蒙版”复选框，抠图效果如图 10-14 中图所示，边缘轮廓存在黑边。选用上面的建议参数微调，效果如图 10-14 右图所示，可以消除黑边。其他处理器效果如图 10-15 所示。

图 10-14　抠图效果展示

如果出现 ONNXRuntime 导致的 RuntimeErroe 错误，需要重新安装 ONNXRuntime，如图 10-16 所示。使用秋叶的 SD-webUI 整合包，不能直接在 cmd 里通过 pip 命令安装。解决方法是：首先打开 SD 文件夹下的 python 文件夹，然后在地址栏中输入 cmd，然后在命令提示符里输入命令 python.exe .\Scripts\pip3.exe install onnxruntime –user，如图 10-16 所示。

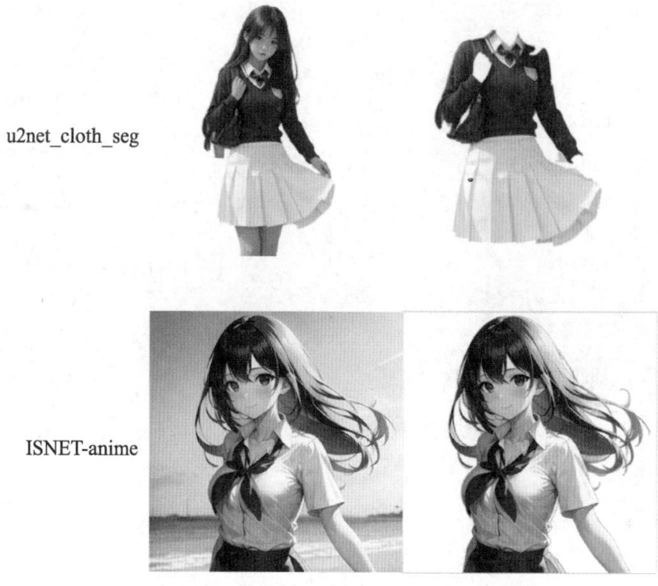

图 10-15　衣服分割和动漫分割模型效果展示

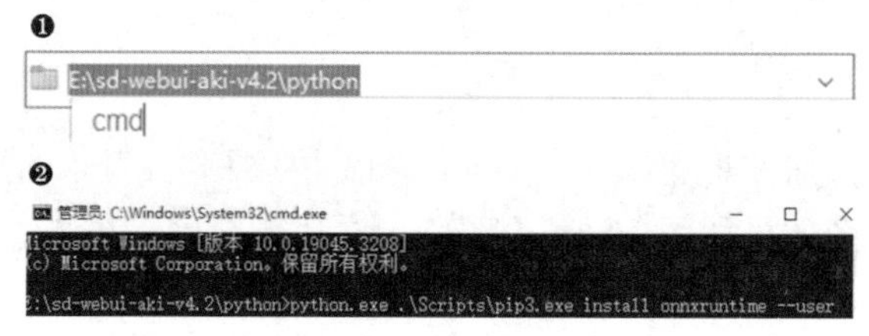

图 10-16　通过 cmd 命令安装 ONNXRuntime

10.4 分割与重绘：Inpaint Anything

前面在介绍重绘功能时，一般使用画笔涂抹特定的区域，然后进行局部重绘。如果能够使用类似于 Segment Anything 的模型分割图像元素，然后直接选定指定的元素进行蒙版重绘，则可以使局部重绘更加精准。Inpaint Anything（简称 IA）集成了分割、蒙版与重绘 3 个步骤，高效、实用。

IA 研究者（来自中国科学技术大学和东方理工高等研究院）希望通过 IA 项目展示组合人工智能（Composable AI）的无限潜力。IA 在某种程度上实现了这个目标，组合了物体移除、内容填补、场景替换等功能，实现了移除一切物体（Remove Anything）、填补一切内容（Fill Anything）、替换一切场景（Replace Anything）的目标，成为一种多功能的图像修补系统。

1. 安装

在扩展中选择从网址安装，扩展的 Git 仓库网址为 https://github.com/Uminosachi/sd-webui-inpaint-anything.git，重启 SD-webUI 后才能使用 IA。

2. 下载模型

IA 使用 SAM（见本书 10.2 小节）进行图像分割操作。如果在 Segment Anything 中已经下载了 SAM，那么可以直接将这些模型复制到 IA 目录下。如果没有下载，可以通过 IA 插件提供的下拉选项选择好模型，单击下载模型即可。

3. 使用

根据功能不同，IA 插件可分为 3 个区域，分别是上传底图并分割，创建蒙版并选择，重绘、清理与控制，如图 10-17 所示。

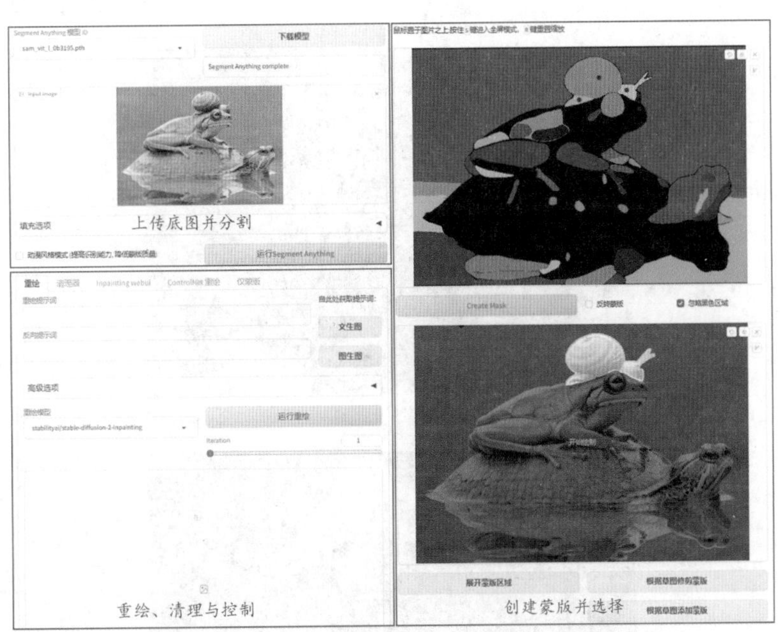

图 10-17　Inpaint Anything 界面（青蛙底图来自网络）

1）上传底图并分割

将图像拖曳到输入图像区域，单击“运行 Segment Anything”按钮，模型会自动识别参考图并进行元素分离。如果图片不易识别，可以勾选“动漫风格模式”复选框，提高识别度，但这会降低蒙版的分离质量。填充选项选好后，可以修改参考图的模式（通常默认即可）。

2）创建蒙版并选择

在创建蒙版并选择区域会显示根据模型分离出来的不同区块。可以使用鼠标选择需要的蒙版，在拟重绘的区域单击进行标记。选择好以后，单击 Create Mask 按钮，如图 10-18 所示。

IA 插件还提供了另外 5 种常用的蒙版选择控制功能：

- 反转蒙版：除所创建的蒙版之外的蒙版区域。
- 忽略黑色区域：忽略无法识别的区域。
- 展开蒙版区域：帮助用户向外扩展蒙版区域。
- 根据草图修剪蒙版：将需要去除的蒙版区域手动圈出并去除。
- 根据草图添加蒙版：将手动绘制的区域添加至蒙版中。

3）重绘、清理与控制

重绘、清理与控制区域具体包括重绘、清理器、Inpainting webui、ControlNet 重绘与仅蒙版 5 个选项卡，具体将在下面详细介绍。

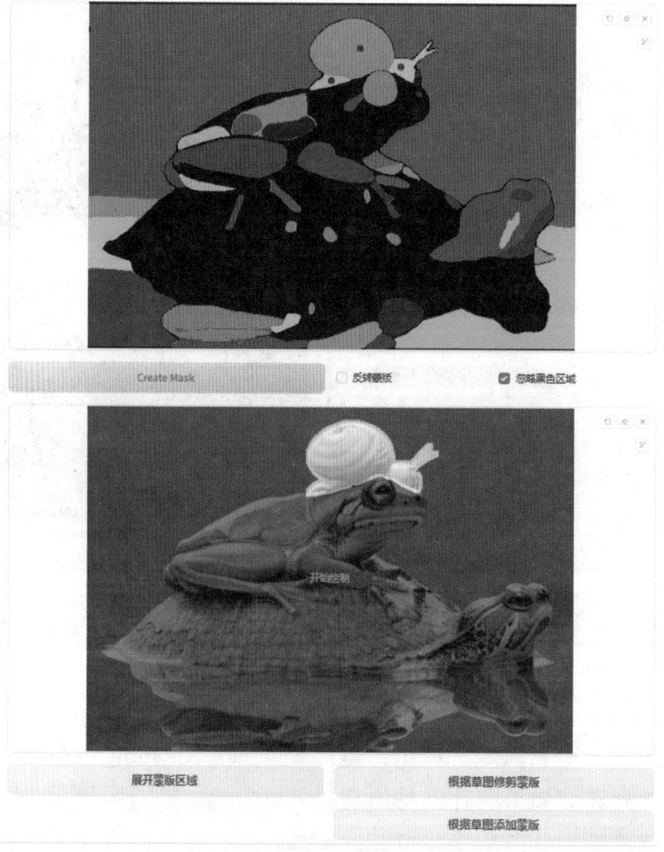

图 10-18　蒙版区域

10.4.1　重绘

重绘有 6 个 Inpaint 模型，如图 10-19 所示，这些模型可以在线使用（跳转至模型下载页面，如果网络不稳定，则报错频率较高）。Inpainting webui 要求 Inpaint 模型匹配对应模型如匹配 sd-v1-5-inpainting.ckpt 时，需要从 https://huggingface.co/runwayml/stable-diffusion-inpainting/tree/main 中下载。

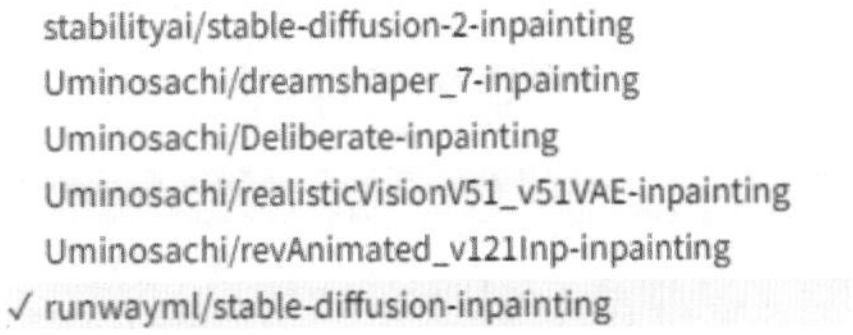

stabilityai/stable-diffusion-2-inpainting
Uminosachi/dreamshaper_7-inpainting
Uminosachi/Deliberate-inpainting
Uminosachi/realisticVisionV51_v51VAE-inpainting
Uminosachi/revAnimated_v121Inp-inpainting
✓ runwayml/stable-diffusion-inpainting

图 10-19　Inpaint 模型

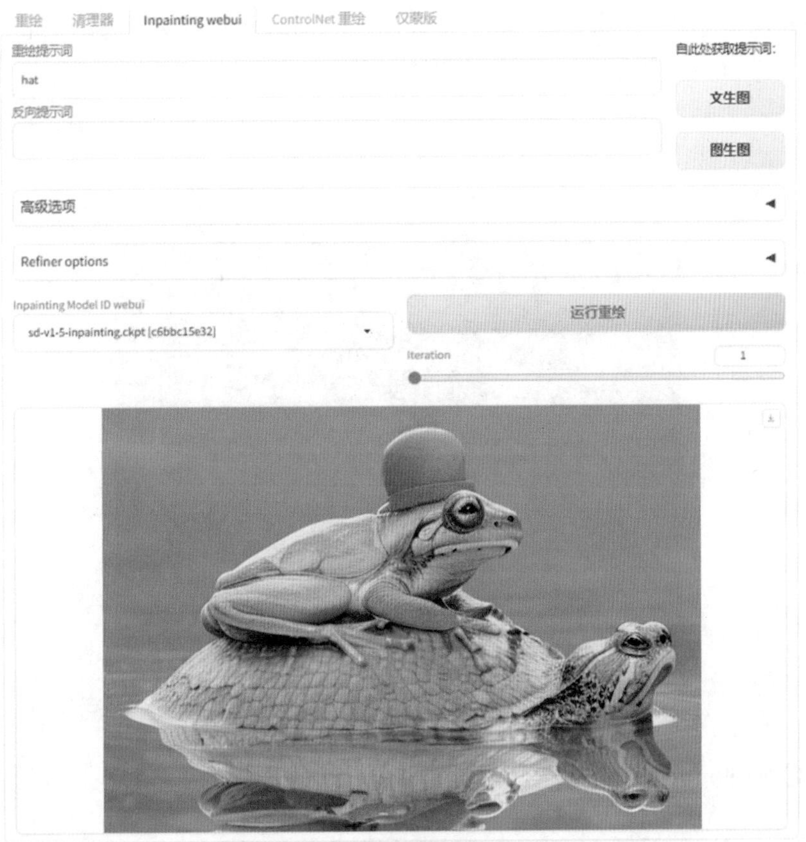

图 10-20　重绘的效果

如图 10-20 展示了在蜗牛蒙版区域重绘的效果，使用提示词 hat 后，在青蛙头顶生成了一顶帽子。如果页面中没有 Inpainting webui，需要在设置中找到 inpaint anything 选项并选中，如图 10-21 所示。

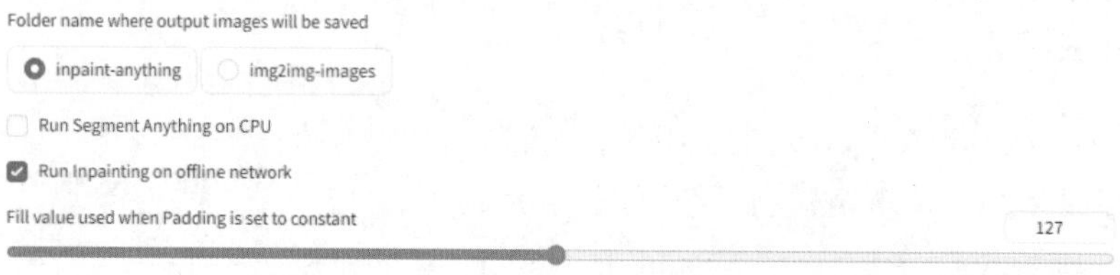

Folder name where output images will be saved
inpaint-anything
img2img-images
Run Segment Anything on CPU
Run Inpainting on offline network
Fill value used when Padding is set to constant
127

图 10-21　选中 inpaint-anything 选项

10.4.2　清理

IA 提供了数种清除（Cleaner）模型，按需选中合适的清除模型后，可以一键擦除所选的内容，并自动重绘填充擦除处的背景。例如，使用 Lama 清除器模型擦除青蛙头顶的帽子，擦除处会自动填充背景颜色，如图 10-22 所示。

重绘
清理器
Inpainting webui
ControlNet 重绘
仅蒙版
清理器模型
lama
运行清理器

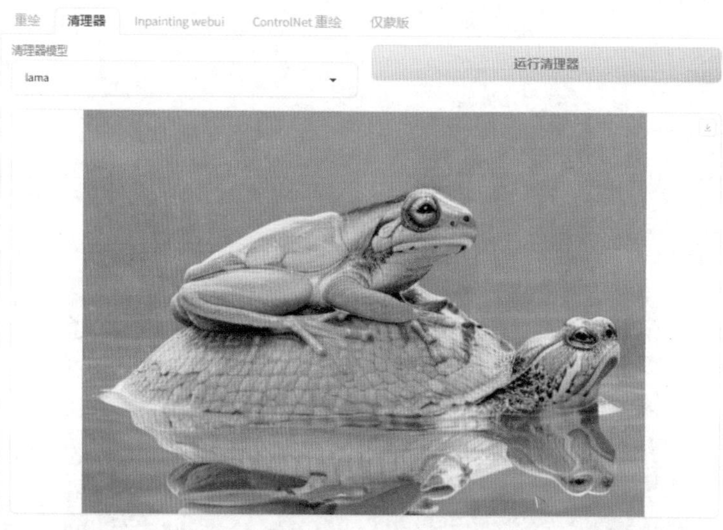

图 10-22　清理效果

10.4.3　ControlNet 重绘

使用 ControlNet（控制）重绘时，相当于开启了两个 ControlNet 单元，强制控制图像生成的内容。在图 10-23 中，选择一顶帽子作为参考（Reference-Only，类似于开启 ControlNet 单元 1）；同时，使用 inpaint_only 预处理器进行重绘，类似于开启 ControlNet 单元 2。单击“运行 ControlNet 重绘”按钮后，获得带毛线帽的青蛙，此帽子参考了 Reference-Only 中提供的毛线帽风格。如图 10-24 所示，给出了开启与不开启 Reference-Only 的效果对比，可以看出，有无参考的差别非常大。

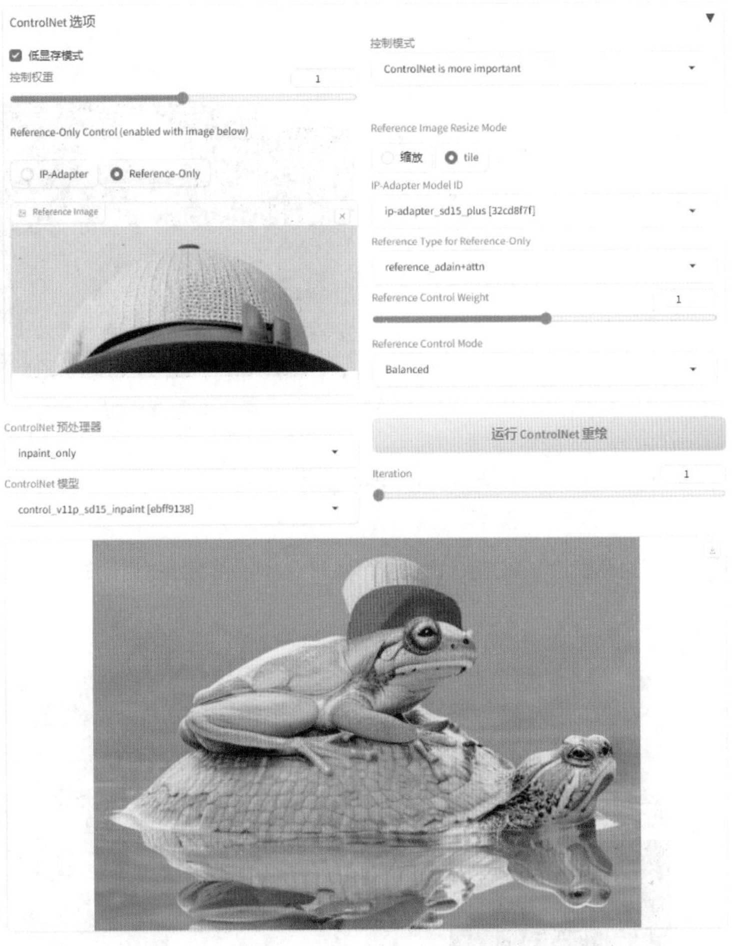

图 10-23　有参考的 ControlNet 重绘效果

图 10-24　ControlNet 重绘对比效果

10.4.4　仅蒙版

将蒙版（Mask）发送至图生图蒙版绘制区域，如图 10-25 所示，利用蒙版进行局部重绘。

图 10-25 “仅蒙版”界面

单击“发送到图生图重绘”按钮，使用提示词 flower，效果如图 10-26 所示。

图 10-26 使用“仅蒙版”的重绘效果

参 考 文 献

[1] ZEQIANG LAI. 扩散模型编年史 -AIGC Since 2020. [EB/OL]. https://mp.weixin.qq.com/s/F95l_5YHef61fVP6GoyIhQ，2023.08.

[2] 肖欣延 . 跨模态内容生成技术与应用 [R]. times new roman，2023.01.

[3] 郑屹州 . AIGC 领域 Stable Diffusion 最新动向和落地实践 [R]. https://cloud.tencent.com/developer/salon/salon-2125/agenda-10007，2023.06.

[4] 李欣璐 . AI 绘画陷著作权争议是创作还是抄袭？ [N]. 四川法治报，2023.07.

[5] 陈佳佳，白一涵 . 专业价值会被 AI 绘画格式化吗？——“分布式人机共生创造力”的人文阵痛与数字畅想 [J]. 视听，2023（08）：17-21.

[6] 辜居一 . 中国近年来研究与创作人工智能绘画的基本现状综述 [EB/OL].https://mp.weixin.qq.com/s/qMS7u9Ywtzd3ns-waMHdUQ，2019.10.

[7] 周艺超 . 白话科普 10 分钟从零看懂 AI 绘画原理 [EB/OL]. https://mp.weixin.qq.com/s/ZtsFscz7lbwq_An_1mo0gg，2023.04.

[8] JOSEPH ROCCA. Understanding Variational Autoencoders[EB/OL]. https://towardsdatascience.com/understanding-variational-autoencoders-vaes-f70510919f73，2019.09.

[9] HOU X，SUN K，SHEN L，et al. Improving Variational Autoencoder with Deep Feature Consistent and Generative Adversarial Training[J]. Neurocomputing, 341（MAY 14）:183-194，2019.

[10] KARSTEN KREIS，RUIQI GAO et al. Denoising Diffusion-based Generative Modeling:Foundations and Applications[EB/OL]. https://cvpr2022-tutorial-diffusion-models.Github.io/，2022.06.

[11] JAY ALAMMAR. The Illustrated Stable Diffusion[EB/OL]. https://jalammar.Github.io/illustrated-stable-diffusion/，2022.12.

[12] SURAJ PATIL，Pedro Cuenca et al. Stable Diffusion with Diffusers[EB/OL]. https://HuggingFace.co/blog/stable_diffusion，2022.08.

[13] Stability AI. Model document[EB/OL]. https://HuggingFace.co/stabilityai/stable-diffusion-xl-base-1.0，2023.07.

[14] GAL R，ALALUF Y，ATZMON Y，et al. An Image is Worth One Word: Personalizing Text-to-Image Generation using Textual Inversion[J]. https://arxiv.org/abs/2208.01618，2022.

[15] HU EDWARDJ，SHEN Y，WALLIS P，et al. LoRA: Low-Rank Adaptation of Large Language Models.[J]. arXiv: Computation and Language，2021.

[16] RUIZ N，LI Y，JAMPANI V，et al. DreamBooth: Fine Tuning Text-to-Image Diffusion Models for Subject-Driven Generation[J]. 2022.

[17] ZHANG L，AGRAWALA M. Adding Conditional Control to Text-to-Image Diffusion Models[J]. https://arxiv.org/abs/2302.05543，2023.

[18] LoRA. 念咒——以 Stable Diffusion 为例 [EB/OL]. https://mp.weixin.qq.com/s/OafPYN1bDSz0BjbepxsGXw，2023.04.

[19] 平凡世界 . AI 绘画工具，Stable Diffusion 提示词使用指南 [EB/OL]. https://mp.weixin.qq.com/s/Sx-DBpKtm6V9ADdIA6dZSw，2023.06.